Spark
分布式处理实战

刘均　王璐烽◎主编

刘海舒　张强　杜瑶　黄智慧◎副主编

人民邮电出版社

北京

图书在版编目（CIP）数据

Spark分布式处理实战 / 刘均，王璐烽主编. —— 北京：人民邮电出版社，2023.9
ISBN 978-7-115-62070-5

Ⅰ．①S… Ⅱ．①刘… ②王… Ⅲ．①分布式处理系统 Ⅳ．①TP274

中国国家版本馆CIP数据核字(2023)第117651号

内 容 提 要

本书以项目实践作为主线，结合必需的理论知识，以任务的形式进行内容设计，每个任务都包含任务描述及任务实施的步骤，读者按照实施步骤进行操作就可以完成相应的学习任务，从而不断提升项目实践能力。本书主要内容涉及 Spark 基本原理、基于 IDEA 搭建 Spark 开发环境、RDD 基本原理、Spark SQL 基本操作流程、电商业务系统的基本流程、电商用户行为分析的基本指标以及分析过程、通过不同的维度对销售数据进行分析、通过不同的维度对订单数据进行分析以及常用的可视化分析图表的应用场景等。

本书适合需要使用 Spark 进行大数据处理的程序员、架构师和产品经理作为技术参考和培训资料，也可作为高校本科生和研究生的教材。

◆ 主　编　刘　均　王璐烽
　　副主编　刘海舒　张　强　杜　瑶　黄智慧
　　责任编辑　秦　健
　　责任印制　王　郁　焦志炜

◆ 人民邮电出版社出版发行　北京市丰台区成寿寺路 11 号
　　邮编　100164　电子邮件　315@ptpress.com.cn
　　网址　https://www.ptpress.com.cn
　　北京七彩京通数码快印有限公司印刷

◆ 开本：787×1092　1/16
　　印张：11.75　　　　　　　　2023 年 9 月第 1 版
　　字数：215 千字　　　　　　2024 年 9 月北京第 4 次印刷

定价：49.80 元

读者服务热线：(010)81055410　印装质量热线：(010)81055316
反盗版热线：(010)81055315
广告经营许可证：京东市监广登字 20170147 号

前　言

写作背景

党中央、国务院高度重视大数据产业发展，推动实施国家大数据战略。习近平总书记就推动大数据和数字经济相关战略部署、发展大数据产业多次做出重要指示。工业和信息化部会同相关部委建立大数据促进发展部际联席会议制度，不断完善政策体系，聚力打造大数据产品和服务体系，积极推进各领域大数据融合应用，培育发展大数据产业集聚高地。

党的二十大报告指出"深入实施科教兴国战略、人才强国战略、创新驱动发展战略，开辟发展新领域新赛道，不断塑造发展新动能新优势"。移动互联网与大数据技术的飞速发展，极大地改变了人们的生活方式，人们可以随时随地享受便捷的网络服务，电子商务（简称"电商"）系统已经成为人们生活中不可缺少的消费方式。在多年的快速发展中，国内的大型电商平台积累了海量的用户行为日志、商品订单等数据。大数据技术需要从海量的数据中对电商数据进行处理和分析，探索数据之间的内在规律，挖掘有价值的信息，以满足用户个性化和精准化的服务需求。

在众多的大数据技术中，Apache Spark 成为大数据分析的重要工具之一。Spark 是加州大学伯克利分校的 AMP 实验室开源的基于内存的并行计算框架。相对于基于 Hadoop 的 MapReduce 计算而言，Spark 可以将中间计算结果保存在内存中，不再需要重复读写硬盘数据，大大提升了并行计算的效率，在大数据企业级项目中得到广泛应用。

本书采用理论与实践相结合的方式，以项目为主线来设计教学实践环节，由浅入深地讲解了 Spark 在企业级项目中的应用，尤其是大型电商平台的数据分析项目中的应用。读者在项目学习过程中可以边学边练，循序渐进。按照本书讲解的步骤进行操作，读者可以完成相应的学习任务。通过本书的学习，读者可以逐步增强 Spark 大数据分析项目的实践能力。

本书读者对象

本书适合需要使用 Spark 进行大数据处理的程序员、架构师和产品经理作为技术参考和培训资料，也可作为高校本科生和研究生的教材。

如何阅读本书

本书以项目实践作为主线，结合必需的理论知识，以任务的形式进行设计。每个任务都包含任务描述及任务实施的步骤，读者按照实施步骤进行操作就可以完成相应的学习任务，不断提升项目实践能力。

各项目的主要内容如下。

项目 1 讲解 Spark 基本原理，通过案例实现 Spark 集群的安装和配置，完成 Spark 任务集群提交与运行的任务。

项目 2 讲解如何基于 IDEA 搭建 Spark 开发环境，编写 Spark 单词统计程序，将程序部署到 Spark 集群中并运行。

项目 3 介绍 RDD 的基本原理，通过案例讲解 Spark RDD 转换算子和行动算子的使用方法、RDD 分区的原理、共享变量的实现原理。

项目 4 通过案例讲解 Spark SQL 基本操作流程，Spark SQL 常用的数据源的使用方法，Spark SQL 内置函数和自定义函数的使用方法，Spark SQL 的关联表、分组集合、排序等操作方法。

项目 5 介绍电商业务系统的基本流程，通过案例讲解电商系统数据库的设计方法以及电商数据分析的基本流程。

项目 6 以一个国内某大型电商 APP 系统提供的用户行为数据作为分析对象，讲解电商用户行为分析的基本指标以及分析过程，主要包括用户访问量分析、用户购买行为分析及各阶段转化率分析等。

项目 7 以国内某大型电商平台提供的美妆商品销售数据集作为分析对象（数据集时间涵盖了双十一电商购物节），通过不同的维度对销售数据进行分析，主要维度包括店铺维度、商品维度等。

项目 8 以国内某大型电商平台提供的订单数据集作为分析对象，通过不同的维度对订单数据进行分析，主要维度包括时间维度、区域维度等。

项目 9 介绍常用的可视化分析图表的应用场景，以电商用户行为分析指标、电商销售数据分析指标以及电商订单数据分析指标作为数据可视化分析的指标，讲解 Superset 数据可视化分析工具的使用方法。

勘误和支持

由于作者的水平有限，加上编写时间仓促，书中难免会有疏漏之处，恳请读者批评指正。如果你有更多的宝贵意见，欢迎通过出版社与我们取得联系，期待能够得到你们的真挚反馈。

编著者

资源与支持

资源获取

本书提供如下资源：
- 教学大纲；
- 程序源码；
- 教学课件；
- 微视频；
- 习题答案；
- 本书思维导图；
- 异步社区 7 天 VIP 会员。

要获得以上资源，您可以扫描下方二维码，根据指引领取。

提交勘误

作者和编辑尽最大努力来确保书中内容的准确性，但难免会存在疏漏。欢迎您将发现的问题反馈给我们，帮助我们提升图书的质量。

当您发现错误时，请登录异步社区（https://www.epubit.com），按书名搜索，进入本书页面，点击"发表勘误"，输入勘误信息，点击"提交勘误"按钮即可（见右图）。本书的作者和编辑会对您提交的勘误进行审核，确认并接受后，您将获赠异步社区的 100 积分。积分可用于在异步社区兑换优惠券、样书或奖品。

与我们联系

我们的联系邮箱是 contact@epubit.com.cn。

如果您对本书有任何疑问或建议,请您发邮件给我们,并请在邮件标题中注明本书书名,以便我们更高效地做出反馈。

如果您有兴趣出版图书、录制教学视频,或者参与图书翻译、技术审校等工作,可以发邮件给我们。

如果您所在的学校、培训机构或企业,想批量购买本书或异步社区出版的其他图书,也可以发邮件给我们。

如果您在网上发现有针对异步社区出品图书的各种形式的盗版行为,包括对图书全部或部分内容的非授权传播,请您将怀疑有侵权行为的链接发邮件给我们。您的这一举动是对作者权益的保护,也是我们持续为您提供有价值的内容的动力之源。

关于异步社区和异步图书

"异步社区"(www.epubit.com)是由人民邮电出版社创办的IT专业图书社区,于2015年8月上线运营,致力于优质内容的出版和分享,为读者提供高品质的学习内容,为作译者提供专业的出版服务,实现作者与读者在线交流互动,以及传统出版与数字出版的融合发展。

"异步图书"是异步社区策划出版的精品IT图书的品牌,依托于人民邮电出版社在计算机图书领域30余年的发展与积淀。异步图书面向IT行业以及各行业使用IT技术的用户。

目 录

项目 1　Spark 集群环境搭建 ·········· 1
　任务 1　Spark 本地模式安装 ············ 2
　　【任务描述】 ······················· 2
　　【知识链接】 ······················· 2
　　【任务实施】 ······················· 5
　任务 2　Spark 集群安装及配置 ·········· 7
　　【任务描述】 ······················· 7
　　【知识链接】 ······················· 7
　　【任务实施】 ······················· 7
　任务 3　Spark 任务提交与运行 ········· 11
　　【任务描述】 ······················ 11
　　【任务实施】 ······················ 11
　项目小结 ···························· 14
　项目拓展 ···························· 14
　思考与练习 ·························· 14

项目 2　Spark 开发环境搭建 ········· 16
　任务 1　搭建 Spark 开发环境 ·········· 17
　　【任务描述】 ······················ 17
　　【知识链接】 ······················ 17
　　【任务实施】 ······················ 17
　任务 2　开发单词统计程序 ············ 25
　　【任务描述】 ······················ 25
　　【任务实施】 ······················ 25
　任务 3　Spark 程序部署到集群中
　　　　　运行 ······················· 30
　　【任务描述】 ······················ 30
　　【任务实施】 ······················ 30
　项目小结 ···························· 34
　思考与练习 ·························· 34

项目 3　Spark RDD 基本操作 ········ 35
　任务 1　Spark RDD 转换算子的
　　　　　应用 ······················· 36
　　【任务描述】 ······················ 36
　　【知识链接】 ······················ 36
　　【任务实施】 ······················ 38
　任务 2　Spark RDD 行动算子的
　　　　　应用 ······················· 49
　　【任务描述】 ······················ 49
　　【知识链接】 ······················ 49
　　【任务实施】 ······················ 49
　任务 3　Spark RDD 分区的应用 ········ 52
　　【任务描述】 ······················ 52
　　【知识链接】 ······················ 52
　　【任务实施】 ······················ 53
　任务 4　Spark 共享变量的应用 ········ 57
　　【任务描述】 ······················ 57
　　【知识链接】 ······················ 57
　　【任务实施】 ······················ 58
　项目小结 ···························· 59
　项目拓展 ···························· 59
　思考与练习 ·························· 59

项目4　Spark SQL 操作 …………… 61
任务1　Spark SQL 入门 …………… 62
【任务描述】 …………… 62
【知识链接】 …………… 62
【任务实施】 …………… 62
任务2　Spark SQL 基本操作 …………… 65
【任务描述】 …………… 65
【知识链接】 …………… 65
【任务实施】 …………… 67
任务3　Spark SQL 高级应用 …………… 78
【任务描述】 …………… 78
【任务实施】 …………… 78
项目小结 …………… 84
项目拓展 …………… 84
思考与练习 …………… 84

项目5　电商数据分析系统设计 …………… 86
任务1　电商系统设计 …………… 87
【任务描述】 …………… 87
【知识链接】 …………… 87
【任务实施】 …………… 87
任务2　电商数据分析流程 …………… 89
【任务描述】 …………… 89
【知识链接】 …………… 90
【任务实施】 …………… 91
项目小结 …………… 94
项目拓展 …………… 94
思考与练习 …………… 94

项目6　电商用户行为分析 …………… 95
任务1　数据说明及预处理 …………… 96
【任务描述】 …………… 96
【知识链接】 …………… 96
【任务实施】 …………… 97
任务2　用户访问量分析 …………… 101

【任务描述】 …………… 101
【任务实施】 …………… 101
任务3　用户购买行为分析 …………… 105
【任务描述】 …………… 105
【任务实施】 …………… 106
任务4　转化率分析 …………… 111
【任务描述】 …………… 111
【任务实施】 …………… 111
项目小结 …………… 113
思考与练习 …………… 114

项目7　商品销售分析 …………… 115
任务1　数据说明及预处理 …………… 116
【任务描述】 …………… 116
【知识链接】 …………… 116
【任务实施】 …………… 117
任务2　获取基本信息 …………… 122
【任务描述】 …………… 122
【任务实施】 …………… 122
任务3　基于店铺维度分析 …………… 124
【任务描述】 …………… 124
【任务实施】 …………… 125
任务4　基于商品维度分析 …………… 130
【任务描述】 …………… 130
【任务实施】 …………… 131
项目小结 …………… 134
思考与练习 …………… 134

项目8　电商订单分析 …………… 135
任务1　数据说明及预处理 …………… 136
【任务描述】 …………… 136
【知识链接】 …………… 136
【任务实施】 …………… 137
任务2　获取基本信息 …………… 140
【任务描述】 …………… 140

【任务实施】………………… 140
任务 3　基于时间维度分析 ………… 143
　　【任务描述】………………… 143
　　【任务实施】………………… 144
任务 4　基于区域维度分析 ………… 148
　　【任务描述】………………… 148
　　【任务实施】………………… 148
项目小结 ………………………………… 150
思考与练习 ……………………………… 150

项目 9　电商数据可视化分析 ……… 151
任务 1　Superset 基本操作 ………… 152
　　【任务描述】………………… 152
　　【知识链接】………………… 152
　　【任务实施】………………… 153

任务 2　电商用户行为数据可视化
　　　　分析 ………………………… 162
　　【任务描述】………………… 162
　　【任务实施】………………… 162
任务 3　电商销售数据可视化分析 … 167
　　【任务描述】………………… 167
　　【任务实施】………………… 167
任务 4　电商订单数据可视化分析 … 170
　　【任务描述】………………… 170
　　【任务实施】………………… 171
项目小结 ………………………………… 174
项目拓展 ………………………………… 174
思考与练习 ……………………………… 175

参考文献 …………………………………… 176

项目 1

Spark 集群环境搭建

本项目讲解 Spark 计算引擎的安装及任务提交和运行的方法。Spark 是一种快速、通用、可扩展的大数据分析引擎，在大数据分析领域得到广泛应用。为了能够发挥并行计算的优势，大数据计算任务一般在集群环境中完成。本项目以 3 台服务器节点构建的集群环境为基础，详细讲解搭建 Spark 集群的步骤。读者按照本项目的步骤进行操作就可以完成 Spark 集群的搭建。

思政目标

- 培养学生勇于实践创新、科学严谨的工作态度。
- 培养学生勤于思考，追求卓越的科学精神。

教学目标

- 理解 Spark 的基本原理。
- 掌握安装 Spark 集群的方法。
- 掌握 Spark 集群启动和停止的方法。
- 掌握向 Spark 集群提交任务的基本方法。

任务 1　Spark 本地模式安装

【任务描述】

本任务主要介绍 Spark 本地模式安装方式。通过本任务的学习和实践，读者可以了解 Spark 的基本原理，掌握安装 Scala 插件的方法，掌握 Spark 本地模式安装的方法。

【知识链接】

1. Spark 简介

Spark 是一种快速、通用、可扩展的大数据分析引擎，2009 年诞生于加州大学伯克利分校 AMP 实验室，2013 年 6 月成为 Apache 孵化项目，2014 年 2 月成为 Apache 顶级项目。该项目主要使用 Scala 语言进行编写。

Spark 集群的资源管理模式主要有 Standalone、YARN 和 Mesos 3 种。资源管理框架之上主要是 Spark Core 模块，它实现了 Spark 最基础的功能。Spark Core 模块之上是更高层的 API，主要由 Spark SQL、Spark Streaming、Spark MLlib 和 Spark Graph X 组成，如图 1-1 所示。

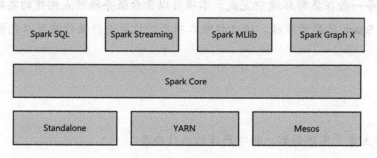

图 1-1　Spark 模块

Spark 的主要模块介绍如下。

- Spark Core：实现了 Spark 的基本功能，包含任务调度、内存管理、错误恢复、与存储系统交互等模块。Spark Core 中还包含了对弹性分布式数据集（Resilient Distributed Dataset，RDD）的 API 定义。

- Spark SQL：Spark 用来操作结构化数据的程序包。通过 Spark SQL，可以使用 SQL 或者 Apache Hive 版本的 SQL 查询语言（Hibernate Query Language，HQL）来查询数据。Spark SQL 支持多种数据源，比如 Hive 表、Parquet 以及 JSON 等。

- Spark Streaming：Spark 提供的对实时数据进行流式计算的组件，提供了用来操作数据流的 API。

- Spark MLlib：提供常见的机器学习功能的程序库，包括分类、回归、聚类、协同过滤等，还提供模型评估、数据导入等额外的功能。
- 集群管理器：Spark 支持在各种集群管理器上运行，包括 YARN、Mesos，以及 Spark 自带的调度器——独立（Standalone）调度器。

2. Spark 的主要优势

Spark 采用内存性计算方式。相对于 Hadoop，在基于内存的并行计算方面，Spark 具有非常明显的优势。Spark 的主要优势如下。

- 快。与 Hadoop 的 MapReduce 相比，Spark 基于内存的运算要快 100 倍以上，基于硬盘的运算也要快 10 倍以上，如图 1-2 所示。Spark 实现了高效的执行引擎，可以基于内存高效处理数据流，计算的中间结果存储在内存中。
- 易用。Spark 支持 Java、Python 和 Scala 编程语言的 API，还支持超过 80 种高级算法，使用户可以快速构建不同的应用。而且 Spark 支持交互式的 Python 和 Scala 的 Shell，可以非常方便地使用 Spark 集群执行分布式计算。
- 通用。Spark 提供了统一的解决方案。Spark 可以用于批处理、交互式查询、实时流处理、机器学习和图计算，可以在同一个应用中无缝使用。
- 兼容性高。Spark 可以非常方便地与其他的开源产品进行融合。比如，Spark 可以使用 YARN 和 Mesos 作为资源管理器，并且可以处理所有 Hadoop 支持的数据，包括 HDFS、HBase 和 Cassandra 等。

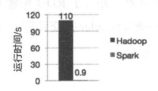

图 1-2 Spark 和 Hadoop 性能对比

3. Spark 系统架构

Spark 系统的架构是基于 Master/Slave 模式进行设计的。系统主要由一个 Driver 和多个 Worker Node 组成，如图 1-3 所示。

- Driver 是运行 Spark 应用的入口，它会创建 SparkContext，SparkContext 负责和 Cluster Manager 通信，进行资源申请、任务分配和监控等。
- Cluster Manager 负责申请和管理在 Worker Node 上运行应用所需的资源，包括 Spark 原生的 Cluster Manager、Mesos Cluster Manager 和 Hadoop YARN Cluster Manager。
- Executor 是 Application 运行在 Worker Node 上的一个进程，负责运行 Task（任务）以及将数据存储在内存或者磁盘上，每个 Application 都有各自独立的一批 Executor。

每个 Executor 则包含了一定数量的资源来运行分配给它的任务。在提交应用中，可以提供参数指定计算节点的个数，以及对应的资源。

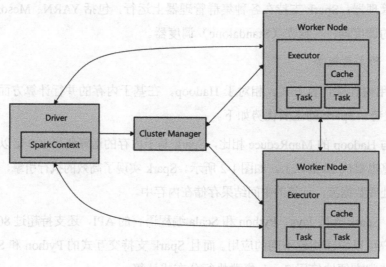

图 1-3 Spark 系统架构

4. Spark 任务执行流程

在集群环境中提及并运行 Spark 任务，需要考虑资源的申请、分配及注销的过程。资源管理器承担了这个任务，它分配并监控资源的使用情况，根据集群不同的部署模式，会应用不同的资源管理器，可能是 YARN、Mesos 或者是 Spark 的 Standalone。

SparkContext 负责生成 RDD 对象，并基于 RDD 构建 DAG 图。DAG Scheduler 将 DAG 图分解为 Stage，生成 Taskset。TaskScheduler 提交和监控 Task。

Spark 任务执行流程如图 1-4 所示。

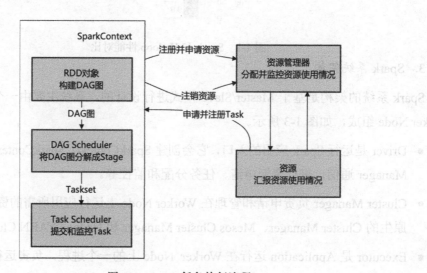

图 1-4 Spark 任务执行流程

（1）构建 Spark 应用的运行环境，启动 SparkContext。SparkContext 向 Cluster Manager 注册，并申请运行 Executor 资源。

（2）Cluster Manager 为 Executor 分配资源并启动 Executor 进程，Executor 运行情况将随着"心跳"发送到 Cluster Manager 上。

（3）SparkContext 构建 DAG 图，将 DAG 图分解成多个 Stage，并把每个 Stage 的 Taskset（任务集）发送给 Task Scheduler（任务调度器）。Executor 向 SparkContext 申请 Task，Task Scheduler 将 Task 发放给 Executor，同时，SparkContext 将应用程序代码发放给 Executor。

（4）Task 在 Executor 上运行，把运行结果反馈给 Task Scheduler，然后再反馈给 DAG Scheduler。运行完毕后写入数据。SparkContext 向 ClusterManager 注销并释放所有资源。

【任务实施】

1. Scala 的安装

因为 Spark 主要基于 Scala 语言开发，所以在安装 Spark 之前，首先要安装 Scala。主要的安装过程如下。

（1）将 Scala 安装包上传到指定目录/opt/module/soft，上传完成后，切换到安装目录。

```
[hadoop@hadoop1 ~]$ cd /opt/module/soft
```

（2）将安装包解压缩到安装目录/opt/module。

```
[hadoop@hadoop1 soft]$ tar -zxvf scala-2.12.11.tgz -C /opt/module
```

（3）默认安装的目录名 scala-2.12.11 较长，可以将目录名改为 scala。

```
[hadoop@hadoop1 soft]$ mv /opt/module/scala-2.12.11/ /opt/module/scala
```

（4）编辑/etc/profile 文件，修改环境变量，在 PATH 变量中添加 Scala 安装路径下面的 bin 目录，这样就可以在任意的目录下执行该文件夹下面的命令。

```
[hadoop@hadoop1 soft]$ sudo vi /etc/profile

#scala
export SCALA_HOME=/opt/module/scala
export PATH=$PATH:$SCALA_HOME/bin
```

（5）环境变量编辑完成后，为使得环境变量立即生效，需要使用 source 命令刷新文件。

```
[hadoop@hadoop1 soft]$ source /etc/profile
```

（6）安装完成后，验证 Scala 环境能否正常使用。输入 scala 命令，进入 Scala 的命令行模式，输入 scala 命令进行验证。如果能够正常运行，说明 Scala 已经正常安装。

```
[hadoop@hadoop1 soft]$ scala
```

2. Spark 的安装

在 Scala 软件安装完成以后,就可以安装 Spark 了。

(1)从官方网站下载正确的安装版本。访问 Apache 网站并下载 Spark。本书开发的案例基于 Spark 3.0。由于 Spark 安装版本和 Hadoop 相关,因此在选择 Spark 的版本时要考虑集群环境中 Hadoop 的安装版本。

Spark 的下载目录如图 1-5 所示。选择 spark-3.0.0 进行下载。单击相应的文件夹链接,查看并选择相应的版本进行下载,如图 1-6 所示。

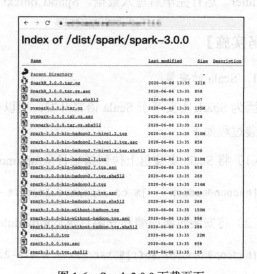

图 1-5 Spark 下载目录　　　　图 1-6 Spark 3.0.0 下载页面

(2)将压缩包上传到服务器指定文件夹/opt/soft。如果文件夹不存在,可以先创建这个文件夹。将 Spark 安装文件解压缩到指定文件夹后安装。

```
[hadoop@hadoop1 ~]$ tar -zxvf /opt/soft/spark-3.0.0-bin-hadoop2.7.tgz -C /opt/module
```

(3)解压缩后的文件夹名称为 spark-3.0.0-bin-hadoop2.7,因为这个名称比较长,可以对文件夹进行改名,使用 mv 命令修改文件夹名称为 spark。

```
[hadoop@hadoop1 ~]$ mv /opt/module/spark-3.0.0-bin-hadoop2.7/ /opt/module/spark
```

(4)编辑文件/etc/profile,修改环境变量。在 PATH 变量中添加 Spark 安装路径下面的 bin 目录和 sbin 目录,这样就可以在任意的目录下执行这两个文件夹下面的命令。

```
[hadoop@hadoop1 ~]$ vi /etc/profile
# spark
export SPARK_HOME=/opt/module/spark
export PATH=$SPARK_HOME/bin:$SPARK_HOME/sbin:$PATH
```

（5）环境变量编辑完成后，为使得环境变量立即生效，需要使用 source 命令刷新文件。

```
[hadoop@hadoop1 ~]$ source /etc/profile
```

任务 2　Spark 集群安装及配置

【任务描述】

本任务主要介绍 Spark 集群的安装及配置方式。通过本任务的学习和实践，读者可以了解 Spark 集群的部署模式，掌握使用独立集群模式安装并配置 Spark 集群的方法，掌握 Spark 历史任务的使用方法。

【知识链接】

Spark 部署模式

Spark 的部署模式主要分为单机模式、独立集群模式、Spark on Mesos 模式和 Spark on YARN 模式。

- 单机模式：在本地部署单个 Spark 服务，仅使用单服务器节点的服务。这种情况在企业应用中使用得相对较少。这是因为在处理海量数据时，需要借助服务器集群。单机模式一般用于测试。
- 独立集群模式：Spark 框架自带完整的资源调度管理服务，可以独立部署到一个集群中，而不需要依赖其他系统为其提供资源管理调度服务。在架构的设计上，Spark 是由一个 Master 和若干 Slave 构成的，并且以槽（Slot）作为资源分配单位。Spark 设计了统一的槽以供各种任务使用。
- Spark on Mesos 模式：Mesos 是一种资源调度管理框架，可以为运行在它上面的 Spark 提供服务。在 Spark on Mesos 模式中，Spark 程序所需要的各种资源都由 Mesos 负责调度。
- Spark on YARN 模式：Spark 可运行于 YARN 上，与 Hadoop 进行统一部署。资源管理和调度依赖 YARN，而分布式存储则依赖 HDFS。

接下来将主要介绍 Spark 的独立集群模式的安装过程。

【任务实施】

1. Spark 独立集群模式安装

在本书所介绍的案例使用了由 3 台服务器节点构建的集群。集群的主机名、IP 地址、服务器节点角色如表 1-1 所示。

表 1-1 集群规划

主机名	IP 地址	说明
hadoop1	192.168.127.128	Master、Slave
hadoop2	192.168.127.129	Slave
hadoop3	192.168.127.130	Slave

在本地模式安装并正常运行的前提下,可以通过修改配置文件的方式和复制的方式将单个节点的安装扩展到多个节点,安装时按照以下操作步骤进行。

(1) 查看配置文件。首先进入安装目录的 conf 目录。这个文件夹包含了配置文件,文件名称扩展为.template,可以直接去掉文件扩展名进行修改;也可以保留原始文件,复制一个新的文件,然后再去掉扩展名.template,在新文件中修改内容。

```
[hadoop@hadoop1 ~]$ cd /opt/module/spark/conf

[hadoop@hadoop1 conf]$ ls
fairscheduler.xml.template   log4j.properties.template   metrics.properties.template
slaves.template
spark-defaults.conf.template   spark-env.sh.template
```

(2) 基于 slaves.template 文件复制一个新的文件,然后去掉扩展名.template,文件名称变为 slaves。

```
[hadoop@hadoop1 conf]$ cp slaves.template slaves
```

(3) 编辑 slaves 文件,在 slaves 文件中添加 3 台服务器的主机名,如图 1-7 所示。

```
[hadoop@hadoop1 conf]$ vi slaves
```

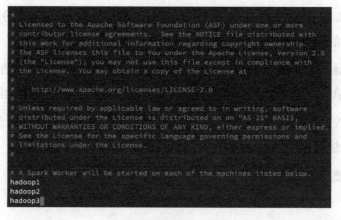

图 1-7 设置 Slave 节点

(4) 基于 spark-env.sh.template 文件复制一个新的文件,然后去掉扩展名.template,文件名称变为 spark-env.sh。

```
[hadoop@hadoop1 conf]$ cp spark-env.sh.template spark-env.sh
```

（5）编辑 spark-env.sh 文件，设置 Master 节点，如图 1-8 所示。

```
[hadoop@hadoop1 conf]$ vi spark-env.sh
```

```
# Generic options for the daemons used in the standalone deploy mode
# - SPARK_CONF_DIR      Alternate conf dir. (Default: ${SPARK_HOME}/conf)
# - SPARK_LOG_DIR       Where log files are stored. (Default: ${SPARK_HOME}/logs)
# - SPARK_PID_DIR       Where the pid file is stored. (Default: /tmp)
# - SPARK_IDENT_STRING  A string representing this instance of spark. (Default: $USER)
# - SPARK_NICENESS      The scheduling priority for daemons. (Default: 0)
# - SPARK_NO_DAEMONIZE  Run the proposed command in the foreground. It will not output a PID file.
# Options for native BLAS, like Intel MKL, OpenBLAS, and so on.
# You might get better performance to enable these options if using native BLAS (see SPARK-21305).
# - MKL_NUM_THREADS=1        Disable multi-threading of Intel MKL
# - OPENBLAS_NUM_THREADS=1   Disable multi-threading of OpenBLAS
SPARK_MASTER_HOST=hadoop1
SPARK_MASTER_PORT=7077
```

图 1-8　设置 Master 节点

（6）设置 JAVA_HOME，指向 JDK 安装的目录。

```
[hadoop@hadoop1 conf]$ vi /opt/module/spark/sbin/spark-config.sh
```

```
# JAVA_HOME
export JAVA_HOME=/opt/module/jdk1.8.0_144
```

（7）在集群的其他服务器节点 hadoop2 和 hadoop3 中进行相同的安装，或者通过从已经安装好的节点远程复制文件的方式进行安装。

（8）启动 Spark 集群的命令是安装目录的 sbin 下面的 start-all.sh 文件。因为这个文件名和 Hadoop 安装目录下的 sbin 同名，为了能够保证在任意路径下执行启动脚本而不冲突，可以将启动脚本复制成另一个文件 start-spark.sh。同样，停止集群的脚本 stop-all.sh 也存在这种情况，可以将其复制成一个新的文件 stop-spark.sh。

```
[hadoop@hadoop1 conf]$ cp /opt/module/spark/sbin/start-all.sh /opt/module/spark/sbin/start-spark.sh
```

```
[hadoop@hadoop1 conf]$ cp /opt/module/spark/sbin/stop-all.sh /opt/module/spark/sbin/stop-spark.sh
```

（9）启动和停止 Spark 集群，如图 1-9 所示。

```
[hadoop@hadoop1 conf]$ start-spark.sh
```

```
[hadoop@hadoop1 conf]$ stop-spark.sh
```

（10）通过 Web UI 查看集群。可以通过主机名或者 IP 地址进行访问。默认端口号为 8080，可以在浏览器中访问 http://hadoop1:8080，如图 1-10 所示。

```
[hadoop@hadoop1 conf]$ start-spark.sh
starting org.apache.spark.deploy.master.Master, logging to /opt/module/spark/logs/spark-hadoop-org.apache.spark.deploy.master.Master-1-hadoop1.out
hadoop2: starting org.apache.spark.deploy.worker.Worker, logging to /opt/module/spark/logs/spark-hadoop-org.apache.spark.deploy.worker.Worker-1-hadoop2.out
hadoop3: starting org.apache.spark.deploy.worker.Worker, logging to /opt/module/spark/logs/spark-hadoop-org.apache.spark.deploy.worker.Worker-1-hadoop3.out
hadoop1: starting org.apache.spark.deploy.worker.Worker, logging to /opt/module/spark/logs/spark-hadoop-org.apache.spark.deploy.worker.Worker-1-hadoop1.out
[hadoop@hadoop1 conf]$ stop-spark.sh
hadoop3: stopping org.apache.spark.deploy.worker.Worker
hadoop2: stopping org.apache.spark.deploy.worker.Worker
hadoop1: stopping org.apache.spark.deploy.worker.Worker
stopping org.apache.spark.deploy.master.Master
```

图 1-9　启动和停止 Spark 集群

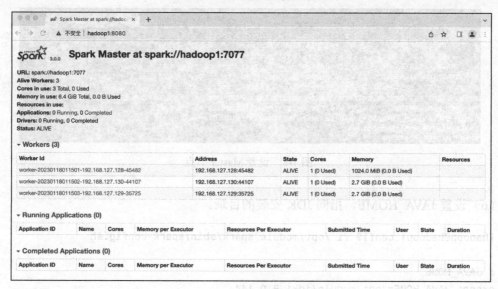

图 1-10　通过 Web UI 查看集群

2. Spark 历史服务配置

默认情况下，由于 Spark 提交的任务不会被记录到日志中，也就是说，向 Spark 集群提交的任务信息并不会保留，因此在企业级应用中一般会开启 Spark 历史服务。配置 Spark 历史服务的主要步骤如下。

（1）启动 Hadoop。在 HDFS 上创建 Spark 的事件日志目录，目录名称可以任意设置。使用如下命令在 HDFS 上创建 spark-eventlog 目录。

```
[hadoop@hadoop1 ~]$ hdfs dfs -mkdir /spark-eventlog
```

（2）修改 Spark 历史日志，如图 1-11 所示。

```
[hadoop@hadoop1 ~]$ vi /opt/module/spark/conf/spark-defaults.conf
```

```
# Example:
# spark.master                     spark://master:7077
# spark.eventLog.enabled           true
# spark.eventLog.dir               hdfs://namenode:8021/directory
# spark.serializer                 org.apache.spark.serializer.KryoSerializer
# spark.driver.memory              5g
# spark.executor.extraJavaOptions  -XX:+PrintGCDetails -Dkey=value -Dnumbers="one two three"
spark.eventLog.enabled             true
spark.eventLog.dir                 hdfs://hadoop1:9000/spark-eventlog
```

图 1-11　Spark 历史日志设置

（3）修改 spark-env.sh 文件。Spark History 的参数如表 1-2 所示。修改后的结果如图 1-12 所示。修改完成后保存文件设置。

```
[hadoop@hadoop1 ~]$ vi /opt/module/spark/conf/spark-env.sh
```

表 1-2　Spark History 的参数

参数	说明
spark.history.ui.port	Web UI 访问的端口号，在端口号不冲突的前提下可以任意设置
spark.history.fs.logDirectory	指定历史服务器日志存储路径
spark.history.retainedApplications	指定保存 Application 历史记录的个数，如果超过这个值，则删除旧的应用程序信息。这指的是内存中的应用数

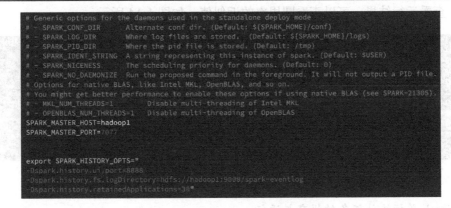

图 1-12　Spark 历史日志参数设置

任务 3　Spark 任务提交与运行

【任务描述】

本任务主要介绍向 Spark 集群提交并运行任务的方法。通过本任务的学习和实践，读者可以掌握使用 Spark 提供的 SparkPi 程序计算圆周率的方法，掌握使用 Spark Shell 对文本文件中的单词进行统计的方法。

【任务实施】

1. 使用 Spark 计算圆周率

Spark 安装目录的 examples 目录下面提供了很多基础案例，SparkPi 就是其中一个，它实现了计算圆周率的功能。接下来使用 spark-submit 命令提交任务并进行圆周率的计算。

```
spark-submit \
--class org.apache.spark.examples.SparkPi \
--master local[2] \
```

```
./examples/jars/spark-examples_2.12-3.0.0.jar \
10
```

主要实现步骤如下。

(1) 启动集群环境,运行 spark-submit 命令,如图 1-13 所示。

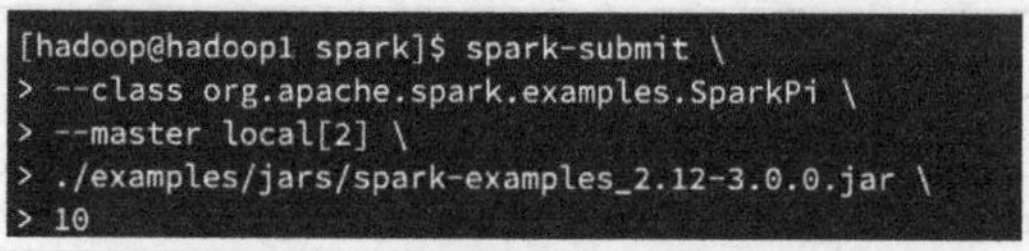

```
[hadoop@hadoop1 spark]$ spark-submit \
> --class org.apache.spark.examples.SparkPi \
> --master local[2] \
> ./examples/jars/spark-examples_2.12-3.0.0.jar \
> 10
```

图 1-13 运行 spark-submit 命令

(2) 查看运行结果,可以查看圆周率的近似值,如图 1-14 所示。

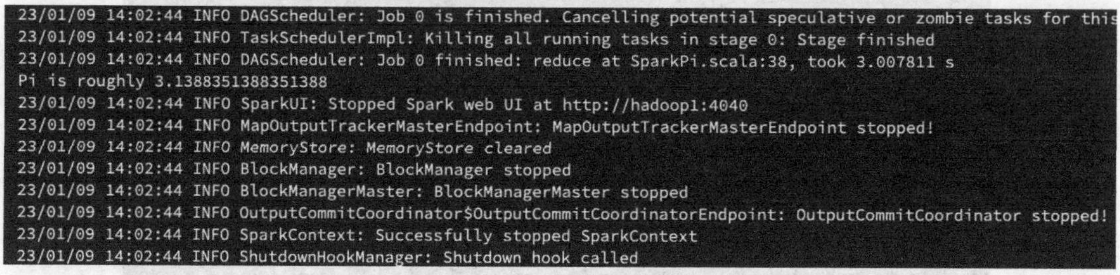

```
23/01/09 14:02:44 INFO DAGScheduler: Job 0 is finished. Cancelling potential speculative or zombie tasks for this
23/01/09 14:02:44 INFO TaskSchedulerImpl: Killing all running tasks in stage 0: Stage finished
23/01/09 14:02:44 INFO DAGScheduler: Job 0 finished: reduce at SparkPi.scala:38, took 3.007811 s
Pi is roughly 3.1388351388351388
23/01/09 14:02:44 INFO SparkUI: Stopped Spark web UI at http://hadoop1:4040
23/01/09 14:02:44 INFO MapOutputTrackerMasterEndpoint: MapOutputTrackerMasterEndpoint stopped!
23/01/09 14:02:44 INFO MemoryStore: MemoryStore cleared
23/01/09 14:02:44 INFO BlockManager: BlockManager stopped
23/01/09 14:02:44 INFO BlockManagerMaster: BlockManagerMaster stopped
23/01/09 14:02:44 INFO OutputCommitCoordinator$OutputCommitCoordinatorEndpoint: OutputCommitCoordinator stopped!
23/01/09 14:02:44 INFO SparkContext: Successfully stopped SparkContext
23/01/09 14:02:44 INFO ShutdownHookManager: Shutdown hook called
```

图 1-14 计算圆周率

2. Spark 单词统计任务的提交与运行

下面统计文本文件中单词的数量。文本文件的单词之间使用空格进行分隔。通过向 Spark 提交任务的方式计算所有文本文件中单词的数量。使用 spark-shell 命令对文本文件中的单词进行统计,主要使用了 RDD 的转换算子和行动算子。这里只简单介绍 RDD 算子的使用方法,在后面的内容中会做详细讲解。主要的实现步骤如下。

(1) 创建存放文本文件的目录 input。

```
[hadoop@hadoop1 ~]$ cd /opt/module/spark
[hadoop@hadoop1 spark]$ mkdir input
```

(2) 进入 input 目录,准备创建 wc1.txt 和 wc2.txt 两个文本文件。

```
[hadoop@hadoop1 spark]$ cd input
```

(3) 创建并编辑 wc1.txt 文件。

```
[hadoop@hadoop1 input]$ vi wc1.txt
```

wc1.txt 的文件内容如下。

```
hello world
hello spark
```

（4）创建并编辑 wc2.txt 文件。

```
[hadoop@hadoop1 input]$ vi wc2.txt
```

wc2.txt 的文件内容如下。

```
hello scala
hello bigdata
```

（5）提交任务。

启动 Spark Shell。Spark Shell 是一个基于 Scala 的命令的运行环境，在其中可以直接编写 Scala 代码，如图 1-15 所示。

```
[hadoop@hadoop1 input]$ spark-shell
```

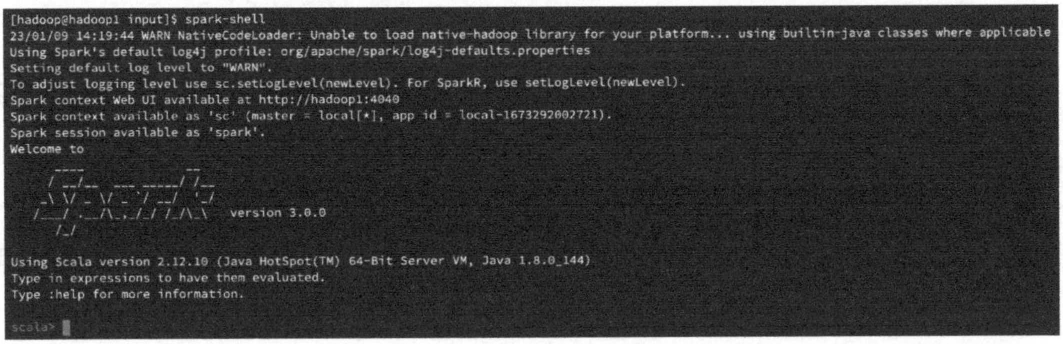

图 1-15 启动 Spark Shell

使用 RDD 的转换算子和行动算子实现单词统计功能。提交运行并查看运行结果，结果是以数组的形式进行展示，以二元组的形式输出单词的数量，如图 1-16 所示。

```
sc.textFile("/opt/module/spark/input").flatMap(_.split(" ")).map((_,1)).reduceByKey(_+_).collect
```

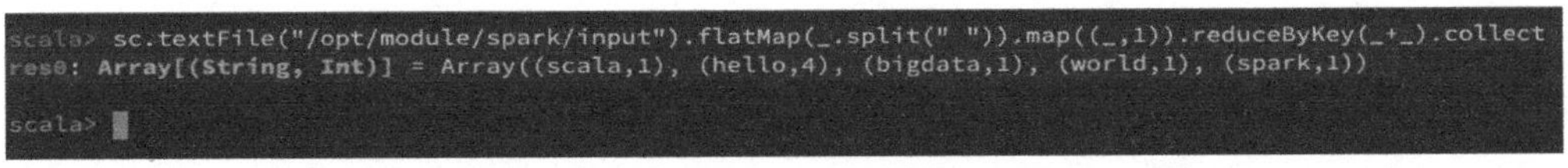

图 1-16 单词统计结果

在完成主要的操作步骤以后，为方便读者理解单词统计任务，下面对 RDD 的算子进行简要说明。

- textFile：转换算子，参数是文件路径，读取文件夹下面的文本文件并转换为 RDD。
- flatMap：转换算子，针对 RDD 中的每一行文本进行扁平化映射操作，将每行文本按照空格进行分隔，转换为单词形式。

- map：转换算子，进行映射操作，将单词转换为二元组的形式，如将 hello 转换为(hello,1)的形式。
- reduceByKey：转换算子，以单词作为主键进行聚合操作，简单来说，就是将相同的单词进行数量加和操作，如将(hello,1)和(hello,1)进行聚合操作，转换为(hello,2)。
- collect：结果收集，将结果以数组的形式进行展示。

项目小结

本项目通过 3 个任务讲解了 Spark 集群的资源管理模式、Spark 集群的安装及配置、Spark 集群的启动和停止方式、向 Spark 集群提交并运行任务的方法。本项目主要包括以下内容。

- Spark 集群的资源管理模式主要有 Standalone、YARN 和 Mesos 3 种。
- Spark 的系统架构是基于 Master/Slave 模式进行设计的。系统主要由一个 Driver 和多个 Worker Node 组成。
- 使用独立集群模式安装并配置 Spark 集群，同时需要配置 Spark 历史服务。
- 以 Spark 提供的 SparkPi 程序以及单词统计程序为例，实现向 Spark 集群提交任务的基本流程。

项目拓展

请读者自行完成对 HDFS 上的文本文件进行单词统计的功能。

重要提示：在 HDFS 上创建文本文件，需要启动 Hadoop 集群，使用 HDFS 的命令创建文件夹及上传文件。

思考与练习

理论题

一、选择题

1. 下面哪种 Spark 部署模式不属于集群部署模式。（　　）
（A）Local 模式　　　　　　（B）独立集群模式
（C）Spark on YARN 模式　　（D）Spark on Mesos 模式

2．Spark 中提供最基础 API 的功能模块是。（　　）

（A）Spark Core　　　　　（B）Spark SQL

（C）Spark MLlib　　　　　（D）Spark Streaming

3．在单词统计程序中，读取文本文件并生成 RDD 的算子是。（　　）

（A）collect　　　　　　　（B）flatMap

（C）map　　　　　　　　（D）textFile

二、简答题

1．简述 Spark 框架的主要模块。

2．简述 Spark 与 Hadoop 相比的主要优势。

3．说明单词统计程序中各个算子实现的基本功能。

实训题

1．在虚拟机环境下自行安装 Spark 集群。

2．向 Spark 集群提交单词统计任务，实现对文本文件中的单词进行统计。

项目 2

Spark 开发环境搭建

 项目导读

项目 1 主要讲解 Spark 集群环境的搭建过程和任务提交的流程，同时通过一个简单的单词统计程序实现了文本文件中单词统计的功能。在企业级项目中，大数据处理和分析的需求是比较复杂的，通过 Spark Shell 环境很难实现复杂的需求，一般需要编写程序来实现。编写复杂的程序不可避免地要对程序进行反复调试。俗话说"工欲善其事，必先利其器"，程序开发需要功能强大的集成开发环境（Integrated Development Environment，IDE）支持。IDEA 是功能非常强大的集成开发工具，在企业中应用非常广泛。本项目主要讲解基于 IDEA 搭建 Spark 集成开发环境。本项目的内容包括集成开发环境的搭建过程、程序打包的方法及程序部署到 Spark 集群运行的方法。通过本项目的学习，相信读者能够快速掌握 Spark 程序开发和集群部署的基本方法，为后续的学习打下基础。

思政目标

- 培养学生团队协作的精神。
- 培养学生诚实守信的品质和遵纪守法的意识。

教学目标

- 掌握在 IDEA 中安装 Scala 插件的方法。
- 掌握配置 Spark 的开发环境的方法。

- 掌握使用 Maven 打包 Spark 程序的方法。
- 掌握将程序部署到 Spark 集群的方法。

任务 1　搭建 Spark 开发环境

【任务描述】

本任务主要介绍基于 IDEA 搭建 Spark 开发环境的方法。通过本任务的学习和实践，读者可以掌握 IDEA 集成开发环境的基本使用方法，掌握在 IDEA 环境中创建 Maven 项目的方法，掌握在 IDEA 环境中安装 Scala 插件的方法。

【知识链接】

IDEA 集成开发环境

IDEA 是 JetBrains 公司的产品。IDEA 全称 IntelliJ IDEA，是 Java 编程语言的集成开发环境。IntelliJ IDEA 在业界被公认为是一款非常优秀的 Java 开发工具，尤其在智能代码助手、代码自动提示、重构、Java EE 支持、各类版本工具、JUnit、CVS 整合、代码分析、创新的 GUI 设计等方面的功能可以说是超常的。它的旗舰版还支持 HTML、CSS、PHP、MySQL、Python 等。

【任务实施】

1. 开发环境说明

相关的开发环境如下。

- 操作系统：Windows 10。
- Java 运行环境：JDK 8。
- Scala 运行环境：Scala 2.12。
- 数据库：MySQL 8.0。
- 集成开发环境（IDE）：IntelliJ IDEA 2022.3.1。

2. 创建项目

在集成开发环境 IDEA 启动以后，首先创建一个项目。

（1）选择 File→New→Project 菜单创建一个新的项目，如图 2-1 所示。

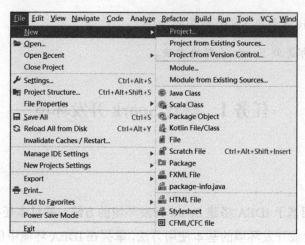

图 2-1 创建新项目

（2）这里要创建的是基于 Maven 的项目，可以在 New Project 对话框中选择 Maven，然后单击 Next 按钮进入下一步，如图 2-2 所示。

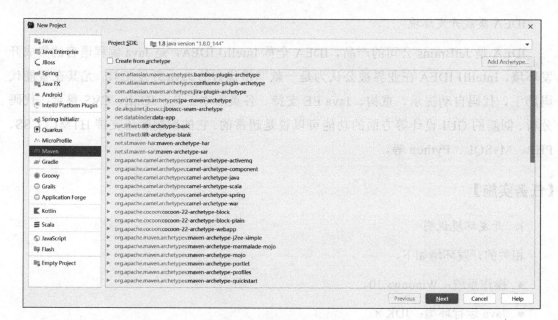

图 2-2 创建 Maven 项目

（3）配置项目的名称、存储位置和 Maven 相关的配置，如图 2-3 所示。

- Name：项目的名称，这里输入 spark_project，也可以自己定义项目名称。
- Location：项目存储的路径。
- Maven 相关的配置包括 GroupId、ArtifactId 和 Version。
    - GroupId：组织的域名，如果没有特殊的需求，保持默认内容即可。
    - ArtifactId：项目的名称，输入 spark_project。

- Version：项目的版本号，如果没有特殊的需求，保持默认内容即可。

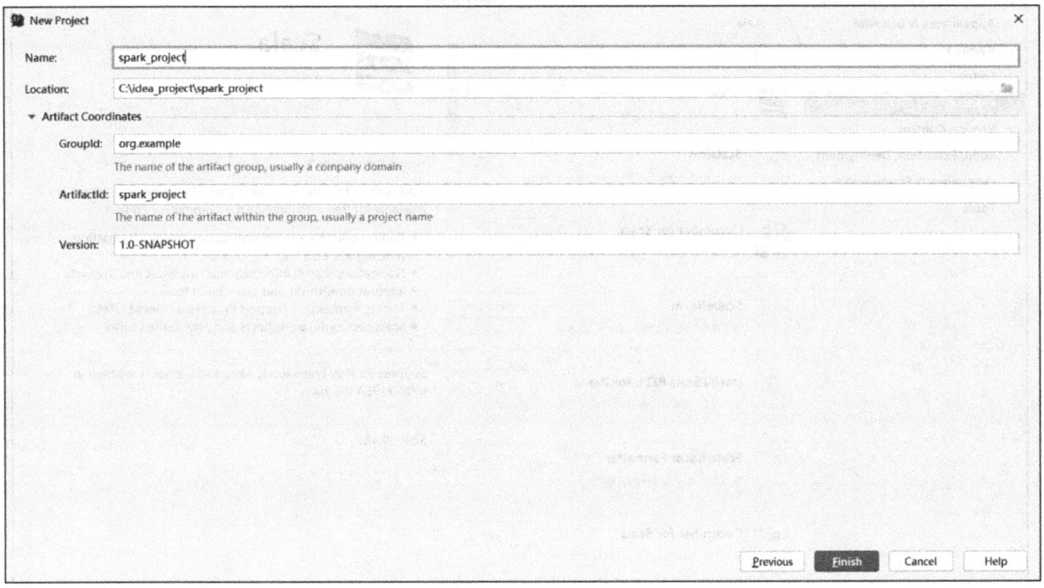

图 2-3　新项目配置

确认无误后单击 Finish 按钮完成配置。

3. 安装 Scala 插件

（1）在 IDEA 集成开发环境中单击菜单栏的 File 菜单，然后选择 Settings 菜单，打开设置对话框，如图 2-4 所示。

图 2-4　选择 Settings 菜单

（2）输入 Scala 进行搜索并查找插件，找到以后单击 install 按钮，按照相应的提示安装插件即可，如图 2-5 所示。

（3）Scala 插件安装完成以后，需要重新启动 IDEA 才可以生效，如图 2-6 所示。

（4）Scala 插件安装以后会显示在插件列表中，如图 2-7 所示。

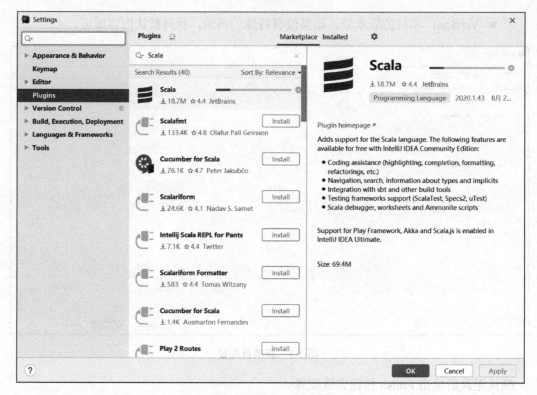

图 2-5 安装 Scala 插件

图 2-6 重新启动 IDEA

图 2-7　插件列表

4. 在全局类库中设置 Scala 库

（1）在集成开发环境 IDEA 中单击菜单栏的 File 菜单，然后选择 Project Structure 菜单以打开项目结构对话框，如图 2-8 所示。

图 2-8　选择 Project Structure 菜单

（2）在 Project Structure 对话框中选择 Global Libraries，设置全局类库。在 New Global Library 组中双击 Scala SDK，如图 2-9 所示。

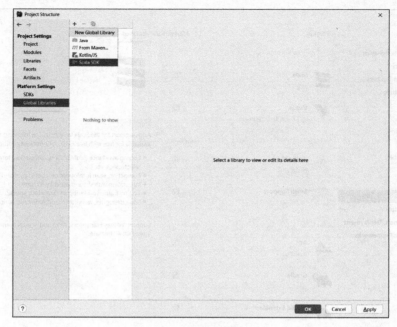

图 2-9　设置全局类库

（3）由于本项目的 Scala 版本是 2.12，因此在 Select JAR's for the new Scala SDK 对话框中选择 2.12.11。然后单击 OK 按钮，如图 2-10 所示。

（4）设置全局类库完成以后，单击 OK 按钮，如图 2-11 所示。

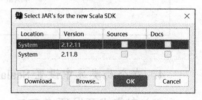

图 2-10　选择 Scala 的 SDK

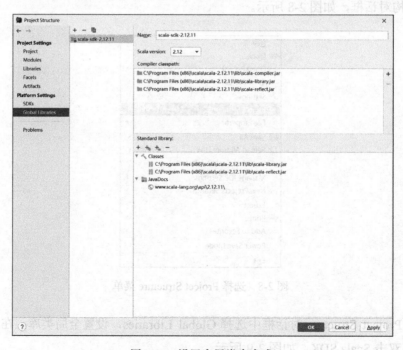

图 2-11　设置全局类库完成

5. 添加框架支持

（1）Scala 插件安装和全局类库设置完成以后，还需要在项目中添加 Scala 框架的支持。在左侧的项目导航栏的项目 Spark-Project 上右击，在弹出的快捷菜单中选择 Add Framework Support，添加框架支持，如图 2-12 所示。

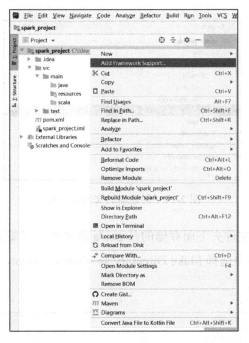

图 2-12　选择 Add Framework Support

（2）在打开的 Add Frameworks Support 对话框中选择 Scala，确认 Scala 的版本号正确无误后，单击 OK 按钮以完成设置，如图 2-13 所示。

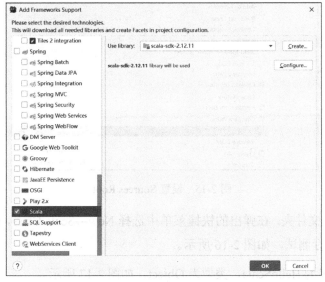

图 2-13　添加 Scala 框架支持

6. 测试 Scala 开发环境

（1）默认 Maven 项目创建的 main 文件夹下面只有 java 文件夹，这个文件夹一般存储 Java 源文件。为了使用 Scala 编写程序，可以在 main 文件夹下创建 scala 文件夹，如图 2-14 所示。

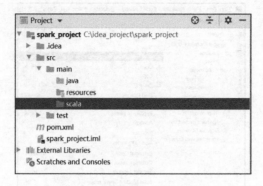

图 2-14 创建新的文件夹 scala

（2）为了标记 scala 文件夹下面存储的是 Scala 源文件，需要进一步设置。右击 scala 文件夹，在弹出的快捷菜单中选择 Make Directory as→Sources Root，标记该文件夹为源代码的根目录，如图 2-15 所示。

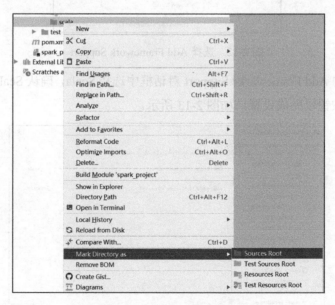

图 2-15 设置 Sources Root

（3）右击 scala 文件夹，在弹出的快捷菜单中选择 New→Scala Class，创建一个 Scala 类，用于对开发环境进行测试，如图 2-16 所示。

将 Scala 类命名为 HelloScala，类型为 Object，如图 2-17 所示。

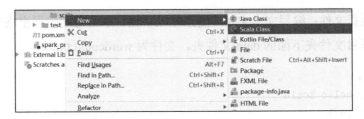

图 2-16　新建 Scala Class

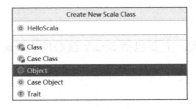

图 2-17　创建 HelloScala 类

（4）编写 main 函数，实现在控制台输出 "hello scala" 的功能。

```
object HelloScala {
  def main(args: Array[String]): Unit = {
    print("hello scala")
  }
}
```

（5）在 HelloScala 类上右击，在弹出的快捷菜单中选择 Run HelloScala，运行程序。查看运行结果，如果控制台能够正常输出，证明开发环境设置正常。

任务 2　开发单词统计程序

【任务描述】

本任务主要介绍使用 Spark 程序实现对文本文件中的单词进行统计的方法。通过本任务的学习和实践，读者可以掌握在 IDEA 中使用 Scala 语言开发 Spark 程序的基本方法，掌握基于 Spark RDD 实现单词统计程序的方法。

【任务实施】

1. 基于 RDD 实现单词统计

基于 RDD 实现单词统计的主要步骤如下。

（1）创建包：在 scala 文件夹下面创建包，命名为 chapter2。

（2）创建 Scala 类：类型为 object，类名为 WordCount1。

(3) 准备数据文件：编写文本文件，随意输入单词，单词之间使用空格分隔。在本任务中存储路径是项目文件夹下面的 data 文件夹，文件为 wordcount.txt。

```
hello world
hello world hello scala
hello world java
hello world hello spark
hello world hello
hello world spark
```

(4) 配置 Maven 相关依赖，主要包括 Spark 核心库、Spark SQL 所需的库等。

```xml
<dependencies>
  <!--Scala 依赖库-->
  <dependency>
      <groupId>org.scala-lang</groupId>
      <artifactId>scala-library</artifactId>
      <version>2.12.7</version>
  </dependency>
  <!--Spark 核心库-->
  <dependency>
      <groupId>org.apache.spark</groupId>
      <artifactId>spark-core_2.12</artifactId>
      <version>3.0.0</version>
  </dependency>
  <!--Spark SQL 所需库-->
  <dependency>
      <groupId>org.apache.spark</groupId>
      <artifactId>spark-sql_2.12</artifactId>
      <version>3.0.0</version>
  </dependency>
  <!--Spark Streaming 针对 Kafka 的依赖库-->
  <dependency>
      <groupId>org.apache.spark</groupId>
      <artifactId>spark-streaming-kafka-0-10_2.12</artifactId>
      <version>3.0.0</version>
  </dependency>
</dependencies>
```

(5) 配置 Maven 编译相关的插件，用来编译 Scala 源文件。

```xml
<build>
    <plugins>
        <plugin>
            <groupId>net.alchim31.maven</groupId>
            <artifactId>scala-maven-plugin</artifactId>
            <version>3.4.6</version>
```

```xml
            <executions>
                <execution>
                    <id>scala-compile-first</id>
                    <phase>process-resources</phase>
                    <goals>
                        <goal>add-source</goal>
                        <goal>compile</goal>
                    </goals>
                </execution>
                <execution>
                    <id>scala-test-compile</id>
                    <phase>process-test-resources</phase>
                    <goals>
                        <goal>testCompile</goal>
                    </goals>
                </execution>
            </executions>
        </plugin>
        <plugin>
            <groupId>org.apache.maven.plugins</groupId>
            <artifactId>maven-assembly-plugin</artifactId>
            <version>3.0.0</version>
            <configuration>
                <descriptorRefs>
                    <descriptorRef>jar-with-dependencies</descriptorRef>
                </descriptorRefs>
            </configuration>
            <executions>
                <execution>
                    <id>make-assembly</id>
                    <phase>package</phase>
                    <goals>
                        <goal>single</goal>
                    </goals>
                </execution>
            </executions>
        </plugin>
    </plugins>
</build>
```

（6）编写程序。

创建 SparkContext 对象，读取文件系统中指定文件夹下面的文本文件，生成 RDD。通过 RDD 的一系列的处理和转换，将结果保存到指定的文件夹中。本案例输出的文件夹是项目文件夹下面的 output/wordcount.txt 文件，以下是程序代码。

```scala
package chapter2

import org.apache.spark.rdd.RDD
import org.apache.spark.{SparkConf, SparkContext}

object WordCount1 {

  def main(args: Array[String]): Unit = {
    //创建 SparkConf 对象
    val conf = new SparkConf()
    //设置应用程序名称
    conf.setAppName("WordCount")
    //设置集群 Master 节点主机名
    conf.setMaster("local")

    //创建 SparkContext 对象
    val sc = new SparkContext(conf)
    //读取指定路径,生成 RDD
    val rdd1: RDD[String] = sc.textFile("./data/wordcount")
    //将每个元素按照空格进行分隔,生成新的 RDD
    val rdd2: RDD[String] = rdd1.flatMap(_.split(" "))
    //转换为(单词,1)
    val rdd3: RDD[(String, Int)] = rdd2.map((_, 1))
    //对单词根据 Key 进行聚合,对相同的 Key 进行 Value 的累加
    val rdd4: RDD[(String, Int)] = rdd3.reduceByKey(_ + _)
    //按照单词数量降序排列
    val rdd5: RDD[(String, Int)] = rdd4.sortBy(_._2, false)
    //保存结果到指定的路径(取程序运行时传入的第二个参数)
    rdd5.saveAsTextFile("./output/wordcount.txt")
    //停止 SparkContext
    sc.stop()
  }
}
```

(7) 查看运行结果。

运行程序并查看结果。单词统计的结果保存在 output/wordcount 文件夹下面的 part-00000 文件中,打开文件可以查看结果,如图 2-18 所示。

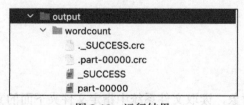

图 2-18 运行结果

2. 基于 Spark SQL 实现单词统计

基于 Spark SQL 实现的流程和基于 RDD 的实现流程是一样的,只是采用了更高层的 API

实现。下面的案例采用了 Spark SQL 的方式实现。

```scala
package chapter2

import org.apache.spark.sql.{DataFrame, Dataset, SparkSession}

object WordCount2 {

  def main(args: Array[String]): Unit = {
    //创建 SparkSession 对象
    val session = SparkSession.builder()
      .appName("WordCount2")
      .master("local[*]")
      .getOrCreate()
    //读取 HDFS 中的单词文件
    val lines: Dataset[String] = session.read.textFile(
      "./data/wordcount.txt")
    //导入 session 对象中的隐式转换
    import session.implicits._
    //将 Dataset 中的数据按照空格进行切分并合并
    val words: Dataset[String] = lines.flatMap(_.split(" "))
    //将 Dataset 转换为 DataFrame
    val df: DataFrame = words.toDF()
    //给 DataFrame 创建临时视图
    df.createTempView("v_wordcount")
    //执行 SQL 语句，按照单词进行分组
    val result: DataFrame = session.sql(
      "select value,count(*) as count from v_wordcount group by value order by count desc")
    //显示查询结果
    result.show()
    //关闭 SparkSession
    session.close()
  }
}
```

运行程序并查看结果。在控制台输出了两列内容：第 1 列表示单词，第 2 列表示单词的数量。这个结果和基于 RDD 的实现结果是一致的。

```
+-----+-----+
|value|count|
+-----+-----+
|hello|    9|
|world|    6|
|spark|    2|
|scala|    1|
| java|    1|
+-----+-----+
```

任务 3 Spark 程序部署到集群中运行

【任务描述】

本任务主要介绍将 Spark 程序打包并部署到集群环境中运行的方法。通过本任务的学习和实践，读者可以掌握适用 Spark 集群环境的编程方法，掌握基于 Maven 打包程序的方法，掌握将程序包在 Spark 集群环境中部署并运行的方法。

【任务实施】

1. 修改单词统计程序，适用本地和集群环境

Spark 程序部署到集群环境中以后，一般使用的是 HDFS（Hadoop 分布式文件系统），为适应不同的运行环境，可以将不同的设置作为参数传入程序。基于单词统计程序进行修改，为 main 函数传入不同的参数，如果没有传入参数，则使用本地默认的参数，可以同时兼容本地和集群两种不同的运行环境。

```
package chapter2

import org.apache.spark.rdd.RDD
import org.apache.spark.{SparkConf, SparkContext}

object WordCount3 {

  def main(args: Array[String]): Unit = {

    //master
    var master = "local[*]"
    if (args.length > 0 && !args(0).isEmpty) {
       master = args(0)
    }
    //输入路径
    var inputPath="./data/wordcount.txt"
    if (args.length > 0 && !args(1).isEmpty) {
       inputPath = args(1)
    }
    //输出路径
    var outputPath = "./output/wordcount.txt"
    if (args.length > 0 && !args(2).isEmpty) {
       outputPath = args(2)
    }

    //创建SparkConf对象
    val conf = new SparkConf()
    //设置应用程序名称
```

```
    conf.setAppName("WordCount")
    //设置集群 Master 节点主机名
    conf.setMaster(master)

    //创建 SparkContext 对象
    val sc = new SparkContext(conf)
    //读取指定路径，生成 RDD
    val rdd1: RDD[String] = sc.textFile(inputPath)
    //将每个元素按照空格进行分隔，生成新的 RDD
    val rdd2: RDD[String] = rdd1.flatMap(_.split(" "))
    //转换为(单词,1)
    val rdd3: RDD[(String, Int)] = rdd2.map((_, 1))
    //对单词根据 Key 进行聚合，对相同的 Key 进行 Value 的累加
    val rdd4: RDD[(String, Int)] = rdd3.reduceByKey(_ + _)
    //按照单词数量降序排列
    val rdd5: RDD[(String, Int)] = rdd4.sortBy(_._2, false)
    //保存结果到指定的路径(取程序运行时传入的第二个参数)
    rdd5.saveAsTextFile(outputPath)
    //停止 SparkContext
    sc.stop()
  }
}
```

修改完成以后，需要先在 IDEA 环境中运行程序，验证程序是否正常。如果输出文件夹已经存在，则需要先删除输出文件夹再进行测试。如果程序运行没有问题，则进行下一步——程序打包的操作。

2. 程序打包

运行 Maven 的 package 命令进行打包，如图 2-19 所示。

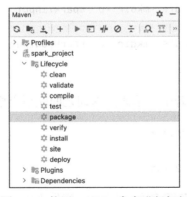

图 2-19　使用 package 命令进行打包

打包后的文件名称为 spark_project-1.0-SNAPSHOT.jar。然后将打包后的文件传输到服务器的指定文件夹中。

3. 部署应用

将程序包部署到 Spark 集群并运行的主要步骤如下。

(1) 启动 Spark 集群。

将程序包传输到/opt/jar 文件夹，然后运行 start-spark.sh 命令，启动 Spark 集群，如图 2-20 所示。

```
[hadoop@hadoop1 ~]$ start-spark.sh
```

```
[hadoop@hadoop1 ~]$ start-spark.sh
starting org.apache.spark.deploy.master.Master, logging to /opt/module/spark/logs/spark-hadoop-org.apache.spark.de
ploy.master.Master-1-hadoop1.out
hadoop2: starting org.apache.spark.deploy.worker.Worker, logging to /opt/module/spark/logs/spark-hadoop-org.apache
.spark.deploy.worker.Worker-1-hadoop2.out
hadoop3: starting org.apache.spark.deploy.worker.Worker, logging to /opt/module/spark/logs/spark-hadoop-org.apache
.spark.deploy.worker.Worker-1-hadoop3.out
hadoop1: starting org.apache.spark.deploy.worker.Worker, logging to /opt/module/spark/logs/spark-hadoop-org.apache
.spark.deploy.worker.Worker-1-hadoop1.out
```

图 2-20　启动 Spark 集群

(2) 启动 Spark 历史服务。

运行 start-history-server.sh 命令，启动 Spark 历史服务，如图 2-21 所示。

```
[hadoop@hadoop1 ~]$ start-history-server.sh
```

```
[hadoop@hadoop1 ~]$ start-history-server.sh
starting org.apache.spark.deploy.history.HistoryServer, logging to /opt/module/spark/logs/spark-hadoop-org.apache.
spark.deploy.history.HistoryServer-1-hadoop1.out
```

图 2-21　启动 Spark 历史服务

(3) 创建输入和输出文件夹。

在 HDFS 上创建两个文件夹，分别用来存储单词统计程序输入和输出的内容。输入文件夹为/spark/inpupt，输出文件夹为/spark/output。

```
[hadoop@hadoop1 ~]$ hdfs dfs -mkdir -p /spark/input
```

```
[hadoop@hadoop1 ~]$ hdfs dfs -mkdir -p /spark/output
```

(4) 创建测试的文本文件。

创建两个文本文件，输入若干个单词，单词之间使用空格分隔。

```
[hadoop@hadoop1 ~]$ vi wc1.txt
```

```
[hadoop@hadoop1 ~]$ vi wc2.txt
```

将两个文本文件上传到 HDFS 的/spark/input 文件夹中。

```
[hadoop@hadoop1 ~]$ hdfs dfs -put wc1.txt /spark/input
```

```
[hadoop@hadoop1 ~]$ hdfs dfs -put wc2.txt /spark/input
```

验证 HDFS 上的文件是否上传成功，如图 2-22 所示。

```
[hadoop@hadoop1 ~]$ hdfs dfs -ls /spark/input
```

```
[hadoop@hadoop1 ~]$ hdfs dfs -ls /spark/input
Found 2 items
-rw-r--r--   3 hadoop supergroup         30 2023-01-19 04:29 /spark/input/wc1.txt
-rw-r--r--   3 hadoop supergroup         37 2023-01-19 04:29 /spark/input/wc2.txt
```

图 2-22　查看输入文件的目录

（5）提交 Spark 任务。

使用 spark-submit 命令提交任务，需要传入 3 个参数——Spark 集群中 Master 节点地址、单词统计文件在 HDFS 上的路径和最终计算输出的路径。

```
spark-submit --class chapter2.WordCount3 \
   /opt/jar/spark_project-1.0-SNAPSHOT.jar \
   spark://hadoop1:7077 \
   hdfs://hadoop1:9000/spark/input \
   hdfs://hadoop1:9000/spark/output/wordcount.txt
```

（6）任务提交成功以后，可以通过查看 HDFS 的输出文件夹下面的文件，验证计算结果，如图 2-23 所示。

```
[hadoop@hadoop1 ~]$ hdfs dfs -ls /spark/output/wordcount.txt
Found 4 items
-rw-r--r--   3 hadoop supergroup          0 2023-01-19 05:06 /spark/output/wordcount.txt/_SUCCESS
-rw-r--r--   3 hadoop supergroup         10 2023-01-19 05:06 /spark/output/wordcount.txt/part-00000
-rw-r--r--   3 hadoop supergroup         10 2023-01-19 05:06 /spark/output/wordcount.txt/part-00001
-rw-r--r--   3 hadoop supergroup         31 2023-01-19 05:06 /spark/output/wordcount.txt/part-00002
```

图 2-23　查看结果输出目录

在/spark/output/wordcount.txt 文件夹下面有 3 个文件，分别是 part-00000、part-00001 和 part-00002。可以继续查看文件内容，文件内容分别是单词统计的结果，如图 2-24 所示。

```
[hadoop@hadoop1 ~]$ hdfs dfs -cat /spark/output/wordcount.txt/part-00000
(hello,6)
[hadoop@hadoop1 ~]$ hdfs dfs -cat /spark/output/wordcount.txt/part-00001
(spark,2)
[hadoop@hadoop1 ~]$ hdfs dfs -cat /spark/output/wordcount.txt/part-00002
(scala,1)
(world,1)
(hadoop,1)
```

图 2-24　查看单词统计结果

（7）查看历史记录。

任务的运行结果也可以通过历史记录的 Web UI 页面查看，地址为 http://hadoop1:8888，如图 2-25 所示。

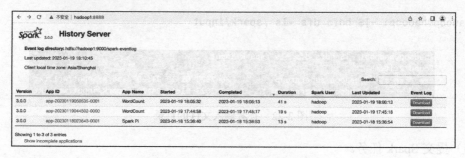

图 2-25 通过 Web UI 页面查看任务

项目小结

本项目通过 3 个任务讲解了 Spark 开发环境的搭建过程、Spark 程序开发及打包的方法、将 Spark 程序部署到 Spark 集群的方法。本项目主要包括以下内容。

- 在 IDEA 集成开发环境中安装 Scala 插件。
- 配置 Spark 的开发环境。
- 基于 Spark API 开发单词统计程序。
- 使用 Maven 打包 Spark 程序。
- 将程序部署到 Spark 集群。
- 在 Spark 集群中运行单词统计程序,并查看运行结果。

思考与练习

理论题

简答题

1. 回顾 HDFS 的基本操作,实现在 HDFS 上创建文件夹、上传文件、查看文件内容。
2. 简述基于 Spark RDD 开发单词统计程序的基本流程。
3. 简述向 Spark 集群提交任务的主要流程。

实训题

1. 基于 IDEA 搭建 Spark 开发环境。
2. 使用 IDEA 开发环境,基于 RDD 开发单词统计程序。
3. 使用 Maven 命令打包程序,部署到 Spark 集群并运行。

项目 3

Spark RDD 基本操作

项目导读

RDD 是 Spark 提供的对数据集的核心抽象,这个数据集可以全部或部分缓存在内存中,并且在多次计算中使用,是一个分布在多个节点上的数据集合。RDD 是 Spark 底层的 API,掌握了 RDD 的基本操作方法后,可以为后续的学习打下基础。

思政目标

- 培养学生增强民族自豪感,坚定四个自信,践行社会主义核心价值观。
- 培养学生谦虚友善、诚实正直的人格。

教学目标

- 掌握 RDD 转换算子和行动算子的使用方法。
- 掌握 RDD 分区的原理。
- 掌握共享变量的实现原理。

任务 1　Spark RDD 转换算子的应用

【任务描述】

本任务主要介绍 Spark RDD 主要转换算子的使用方法。通过本任务的学习和实践，读者可以了解 Spark RDD 的基本原理，掌握 Spark RDD 基本转换算子的使用方法。

【知识链接】

1. Spark RDD 简介

RDD 是 Spark 提供的最重要的抽象概念，实质上是一种更为通用的迭代并行计算框架，用户可以控制计算的中间结果，然后将其运用到之后的计算中。在大数据开发中，需要用到很多迭代算法，也就是说，在不同计算阶段之间重用中间结果，即一个阶段的输出结果会作为下一个阶段的输入，RDD 正是为了满足这种需求而设计的。通过使用 RDD，用户不必担心底层数据的分布式特性，只需要将具体的应用逻辑表达为一系列转换处理，就可以避免中间结果的存储，大大降低数据复制、磁盘 I/O 和数据序列化的开销。

2. Spark RDD 的主要属性

Spark RDD 的主要属性如下。

- 只读：RDD 不能修改，只能通过转换操作将一个 RDD 生成另一个新的 RDD。
- 分布式：基于并行计算的需求，RDD 可以分布在多台服务器节点上并数据进行并行计算。
- 基于内存：可以全部或部分缓存在内存中，在多次计算间重用。
- 弹性：RDD 提供了弹性机制，保证计算的高可用性，主要包括弹性存储、弹性容错和弹性分片。弹性存储是指 RDD 可以在内存与磁盘之间自动切换，当 RDD 中的数据集过大以致内存无法存储时，可以将数据集写入磁盘。弹性容错是指在计算过程中可以保存数据状态，数据丢失可以自动恢复。当计算出现错误时，尽可能通过重试从错误中恢复。弹性分片是指 RDD 可以根据需要对数据进行重新分配，尽量保证计算节点的负载均衡。

3. RDD 操作类型

RDD 的操作分为转换（Transformation）操作和行动（Action）操作。转换操作是指从一个 RDD 产生另一个新的 RDD，而行动操作是指进行实际的计算。

RDD 的操作是惰性的。当 RDD 执行转换操作时，实际计算并没有执行，只有当 RDD 执行行动操作时才会促发计算任务提交，从而执行相应的计算操作。

为方便读者理解转换操作和行动操作的区别，下面通过在项目 2 中介绍过的单词统计案例的代码进行分析。

```
//读取指定路径数据，生成 RDD
val rdd1: RDD[String] = sc.textFile("./data/wordcount.txt")
//将每个元素按照空格进行分隔，生成新的 RDD
val rdd2: RDD[String] = rdd1.flatMap(_.split(" "))
//转换为(单词,1)
val rdd3: RDD[(String, Int)] = rdd2.map((_, 1))
//对单词根据 Key 进行聚合，对相同的 Key 进行 Value 的累加
val rdd4: RDD[(String, Int)] = rdd3.reduceByKey(_ + _)
//按照单词数量降序排列
val rdd5: RDD[(String, Int)] = rdd4.sortBy(_._2, false)
//保存结果到指定的路径
rdd5.saveAsTextFile("./output/wordcount")
```

针对上述代码的分析如下。

- textFile 方法通过读取文本文件生成一个新的 RDD，命名为 rdd1，rdd1 中的数据为 String 类型，表示文本文件中的每一行文本。
- 因为 RDD 是只读的，所以只能通过转换操作生成新的 RDD，rdd1 通过 flatMap 操作转换为新的 RDD，命名为 rdd2，rdd2 中的数据是 String 类型，代表了每一个单词。
- 同样的道理，rdd2 通过 map 转换操作生成 rdd3，rdd3 通过 reduceByKey 转换操作生成 rdd4，rdd4 通过 sortBy 转换操作生成 rdd5，这一系列操作都是转换操作。
- rdd5 通过 saveAsTextFile 操作将计算结果存储到文件系统中，此时并没有转换为新的 RDD，所以 saveAsTextFile 是一个行动算子。

通过上面的分析，可以总结出这样的规律，即 RDD 通过一个算子生成另一个新的 RDD，无论数据类型有没有发生变化，这个算子都是转换算子，否则就是行动算子。

4. Spark RDD 转换算子

Spark 提供了大量的 RDD 转换算子，可以适用于不同的场景，因为算子比较多，所以不一一介绍。这里只介绍常用的一些算子，起到抛砖引玉的作用。如果遇到更复杂的应用场景，可以参考 Spark 官方的文档。常用 RDD 转换算子如表 3-1 所示。

表 3-1 常用 RDD 转换算子

转换算子	说明
map	将数据进行映射转换，转换可以是类型的转换，也可以是值的转换
mapPartitionsWithIndex	将数据以分区为单位发送到计算节点进行处理，在处理的同时可以获取当前分区索引
filter	将数据根据指定的规则进行过滤，符合规则的数据保留，不符合规则的数据丢弃
flatMap	将数据进行映射和扁平化处理
mapValues	针对（Key, Value）类型的数据进行处理，对值进行映射转换处理
flatMapValues	针对（Key, Value）类型的数据进行处理，对值进行扁平化处理
reduceByKey	针对（Key, Value）类型的数据进行处理，将 Key 相同的元素聚合到一起，合并成新的元素
groupByKey	针对（Key, Value）类型的数据进行处理，将 Key 相同的元素划分成一组
union	等两个数据集合并成新的数据集，针对不同的数据来源进行合并
intersection	集合的交集操作
sortBy	对 RDD 内的元素进行排序，生成新的 RDD
join	针对（Key, Value）类型的数据进行处理，根据 Key 进行连接操作
distinct	对数据集进行去重操作

【任务实施】

1. map 算子

map 算子实现了按照元素进行一对一映射的处理，每个元素按计算规则生成另一个对应的元素。以下程序实现了两个主要的功能。

第 1 部分程序实现了 RDD 中每个数值类型的元素转换为原来的 2 倍，并赋值给新的 RDD。

```
val rdd2 = rdd1.map(_ * 2)
```

第 2 部分程序实现了将包含 5 个属性（用户 ID、登录名、手机号、邮箱和城市）的 User（用户）对象转换为三元组形式（用户账号，用户手机号，用户邮箱）。

```
rdd3.map(user => (user.loginName, user.mobile, user.email))
```

用户样例类代码如下。

```
/**
 * 用户类
 *
 * @param userId    用户 ID
 * @param loginName 登录名
 * @param mobile    手机号
 * @param email     邮箱
 * @param city      城市
 */
case class User(userId: Int, loginName: String, mobile: String, email: String, city: String)
```

map 算子的应用代码如下。

```scala
package chapter3

import org.apache.spark.sql.SparkSession

object TransTest1 {
  def main(args: Array[String]): Unit = {
    //构造SparkSession
    val spark = SparkSession
      .builder
      .master("local[*]")
      .getOrCreate
    //获取sparkContext
    val sc = spark.sparkContext
    //创建RDD
    val rdd1 = sc.makeRDD(Array[Int](
      1, 2, 3, 6
    ))
    //map操作,每个元素乘以2
    val rdd2 = rdd1.map(_ * 2)
    //遍历输出
    rdd2.foreach(println)
    //创建RDD
    val rdd3 = sc.makeRDD(Array[User](
      User(1, "user1", "13100000001", "13101@qq.com", "beijing"),
      User(2, "user2", "13100000002", "13102@qq.com", "shanghai"),
      User(3, "user3", "13100000003", "13103@qq.com", "beijing"),
      User(4, "user4", "13100000004", "13104@qq.com", "guangzhou"),
      User(5, "user5", "13100000005", "13105@qq.com", "guangzhou"),
    ))
    //User对象转换为三元组(用户账号,用户手机号,用户邮箱)形式
    val rdd4 = rdd3.map(user => (user.loginName, user.mobile, user.email))
    //遍历输出
    rdd4.foreach(println)
  }
}
```

运行程序并查看结果。第 1 部分程序的输出结果如下。可以看到,实现了每个数值元素转换为原数值的 2 倍。

```
2
6
12
4
```

第 2 部分程序的输出结果如下。可以看到,这里将对象转换为三元组的形式。

```
(user2,13100000002,13102@qq.com)
(user4,13100000004,13104@qq.com)
(user1,13100000001,13101@qq.com)
(user5,13100000005,13105@qq.com)
(user3,13100000003,13103@qq.com)
```

2. filter 算子

filter 算子实现了按照指定的规则对元素进行过滤,并返回新的 RDD 的功能。filter 算子传入的函数返回一个 Boolean 型的值,如果为 true 则保留元素,否则过滤元素。以下程序实现了 3 个主要的功能。

第 1 部分程序实现了过滤奇数只保留偶数的功能。

```
val rdd1_2 = rdd1_1.filter(num => num % 2 == 0)
```

第 2 部分程序(以传感器为例)实现了根据温度过滤数据的功能。传感器的数据使用二元组(传感器 ID,传感器温度)表示。

```
val rdd2_3 = rdd2_2.filter(_._2 > 0.5)
```

第 3 部分程序实现了基于 User(用户)对象的 city(城市)属性过滤数据的功能。

```
val rdd3_2 = rdd3_1.filter(_.city.equals("beijing"))
```

完整的程序代码如下。

```
package chapter3

import org.apache.spark.sql.SparkSession

object TransTest2 {
  def main(args: Array[String]): Unit = {
    //构造 SparkSession
    val spark = SparkSession
      .builder
      .master("local[*]")
      .getOrCreate()
    //获取 sparkContext
    val sc = spark.sparkContext
    //创建 RDD
    val rdd1_1 = sc.makeRDD(Array[Int](1, 2, 4, 5, 8, 10))
    //过滤奇数,保留偶数
    val rdd1_2 = rdd1_1.filter(num => num % 2 == 0)
    //输出结果
    rdd1_2.foreach(println)
    //创建 RDD,二元组(传感器 ID,传感器温度)
    val rdd2_1 = sc.makeRDD(Array[(String, Double)](
      ("sensor1", 35.5),
```

```
      ("sensor1", 36.1),
      ("sensor1", 37.2),
      ("sensor2", 90.5),
      ("sensor2", 0.5)
    ))
    //过滤数据,只保留 sensor2 的数据
    val rdd2_2 = rdd2_1.filter(_._1.equals("sensor2"))
    rdd2_2.foreach(println)
    //过滤数据,只保留大于 0.5 的数据
    val rdd2_3 = rdd2_2.filter(_._2 > 0.5)
    rdd2_3.foreach(println)
    //创建 RDD,数据类型为 User 对象
    val rdd3_1 = sc.makeRDD(Array[User](
      User(1, "user1", "13100000001", "13101@qq.com", "beijing"),
      User(2, "user2", "13100000002", "13102@qq.com", "shanghai"),
      User(3, "user3", "13100000003", "13103@qq.com", "beijing"),
      User(4, "user4", "13100000004", "13104@qq.com", "guangzhou"),
      User(5, "user5", "13100000005", "13105@qq.com", "guangzhou"),
    ))
    //过滤数据,只保留城市为 beijing 的数据
    val rdd3_2 = rdd3_1.filter(_.city.equals("beijing"))
    rdd3_2.foreach(println)
  }
}
```

运行程序并查看结果。

第 1 部分程序的输出结果实现了过滤奇数只保留偶数的功能。

```
8
10
4
2
```

第 2 部分程序的输出结果实现了过滤温度小于或等于 0.5 的传感器数据。

```
(sensor1,36.1)
(sensor1,37.2)
(sensor2,90.5)
(sensor1,35.5)
```

第 3 部分程序的输出结果实现了只保留 city 属性的值为 beijing 的 User 对象。

```
User(1,user1,13100000001,13101@qq.com,beijing)
User(3,user3,13100000003,13103@qq.com,beijing)
```

3. flatMap 算子

flatMap 算子的操作可以理解为两个步骤的操作:首先对数据进行 map 操作,然后再对 map 操作的结果进行扁平化处理。以下程序实现了 2 个主要的功能。

第 1 部分程序实现了将表示句子的字符串转换为单词形式,如将"hello world"转换为

"hello"和"world"两个字符串。

```
val rdd1_2 = rdd1_1.flatMap(_.split(" "))
```

第2部分程序实现了将二元组（用户名，用户爱好）中的用户爱好提取出来的功能。因为用户可能不止一个爱好，所以用户爱好使用数组形式表示，通过使用 flatMap 方法可以从数组中提取数据。

```
val rdd2_2 = rdd2_1.flatMap(_._2)
```

完整的程序代码如下。

```
package chapter3

import org.apache.spark.sql.SparkSession

object TransTest3 {
  def main(args: Array[String]): Unit = {
    //构造 SparkSession
    val spark = SparkSession
      .builder
      .master("local[*]")
      .getOrCreate()
    //获取 sparkContext
    val sc = spark.sparkContext
    //创建 RDD
    val rdd1_1 = sc.makeRDD(Array[String]("hello world", "hello scala"))
    //先将字符串按照空格切分转换为数组，然后再扁平化处理
    val rdd1_2 = rdd1_1.flatMap(_.split(" "))
    rdd1_2.foreach(println)
    //创建 RDD
    val rdd2_1 = sc.makeRDD(Array[(String, Array[String])](
      ("user1", Array("basketball", "football")),
      ("user2", Array("football", "music")),
      ("user3", Array("music"))
    ))
    //对元组的第二个元素做 flatMap 处理
    val rdd2_2 = rdd2_1.flatMap(_._2)
    rdd2_2.foreach(println)
  }
}
```

运行程序并查看结果。第1部分程序的输出结果实现了将句子转换为单词的形式。

```
hello
world
hello
scala
```

第 2 部分程序的输出结果实现了从用 Array 数组表示的用户爱好中提取数据。

```
basketball
football
football
music
music
```

4. reduceByKey 算子

reduceByKey 的作用对象是（Key，Value）形式的数据，使用该算子可以将 Key 相同的元素聚集到一起，最终将 Key 相同元素聚合成一个元素并输出。以下程序使用（学生姓名，课程，成绩）表示学生课程成绩，然后计算每位学生的总分。

因为计算成绩总分和课程无关，所以首先将三元组（学生姓名，课程，成绩）转换为二元组（学生姓名，成绩）。

```
val rdd2 = rdd1.map(x => (x._1, x._3))
```

将相同学生姓名分成一组，对成绩进行聚合以计算学生的总分。

```
val rdd3 = rdd2.reduceByKey((x, y) => x + y)
```

完整的程序代码如下。

```scala
package chapter3

import org.apache.spark.sql.SparkSession

object TransTest6 {
  def main(args: Array[String]): Unit = {
    //构造 SparkSession
    val spark = SparkSession
      .builder
      .master("local[*]")
      .getOrCreate()
    //获取 sparkContext
    val sc = spark.sparkContext
    //创建 RDD
    val rdd1 = sc.makeRDD(Array[(String, String, Int)](
      ("zhangsan", "math", 80), ("lisi", "math", 90), ("wangwu", "math", 55),
      ("zhangsan", "chinese", 70), ("lisi", "chinese", 95), ("wangwu", "chinese", 65),
      ("zhangsan", "english", 60), ("lisi", "english", 78), ("wangwu", "english", 80)
    ))
    //转换为二元组
    val rdd2 = rdd1.map(x => (x._1, x._3))
    //根据 Key 进行规约聚合
```

```
    val rdd3 = rdd2.reduceByKey((x, y) => x + y)
    rdd3.foreach(println)
  }
}
```

运行程序并查看结果。程序输出结果显示为（学生姓名，成绩总分）的形式。

```
(lisi,263)
(wangwu,200)
(zhangsan,210)
```

5. union 算子

union 算子将两个 RDD 合并为一个新的 RDD，主要用于对不同的数据来源进行合并。两个 RDD 中的数据类型要保持一致。针对两个 RDD 中重复的数据并不会进行去重处理。

在以下程序中，两个 RDD 的数据类型都为数值类型，通过 union 操作合并为一个新的 RDD，新的 RDD 包含两个 RDD 的所有数据。

```
val rdd3 = rdd1.union(rdd2)
```

完整的程序代码如下。

```
package chapter3

import org.apache.spark.sql.SparkSession

object TransTest8 {
  def main(args: Array[String]): Unit = {
    //构造 SparkSession
    val spark = SparkSession
      .builder
      .master("local[*]")
      .getOrCreate()
    //获取 sparkContext
    val sc = spark.sparkContext
    //创建 RDD
    val rdd1 = sc.makeRDD(List(2, 4))
    val rdd2 = sc.makeRDD(List(2, 3))
    //执行 union 操作
    val rdd3 = rdd1.union(rdd2)
    rdd3.foreach(println)
  }
}
```

运行程序并查看结果。结果显示新的 RDD 包含两个 RDD 的所有元素。对于两个 RDD 都包含的元素，union 并不会进行去重处理。

2
3

6. sortBy 算子

sortBy 算子将 RDD 中的元素按照某个规则进行排序。算子接收 2 个参数：第 1 个参数为排序规则函数；第 2 个参数是一个布尔值，指定是按照升序还是降序进行排列，true 表示升序，false 表示降序。

以下程序使用（传感器名称，温度）表示传感器数据。sortBy 算子的第 1 个参数指定排序规则，这里使用传感器数据的第 2 个元素温度进行排序，第 2 个参数指定排序规则，false 表示降序，即按照温度由高到低的方式排序。

```
val rdd2 = rdd1.sortBy(x => x._2, false)
```

完整的程序代码如下。

```
package chapter3

import org.apache.spark.sql.SparkSession

object TransTest9 {
  def main(args: Array[String]): Unit = {
    //构造 SparkSession
    val spark = SparkSession
      .builder
      .master("local[1]")
      .getOrCreate()
    //获取 sparkContext
    val sc = spark.sparkContext
    //创建 RDD
    val rdd1 = sc.makeRDD(Array[(String, Double)](
      ("sensor1", 35.5),
      ("sensor2", 90.5),
      ("sensor2", 0.5)
    ))
    //按照元组中的第 2 个元素排序，排序方式为降序
    val rdd2 = rdd1.sortBy(x => x._2, false)
    rdd2.foreach(println)
  }
}
```

运行程序并查看结果。结果已经按照传感器的温度由高到低进行排列。

```
(sensor2,90.5)
(sensor1,35.5)
(sensor2,0.5)
```

7. join 算子

join 算子将两个形式为（Key，Value）的 RDD 根据 Key 进行连接操作，相当于数据库 SQL 语句的内连接操作，操作结果返回两个 RDD 都匹配的内容。

```
val rdd3 = rdd1.join(rdd2)
```

完整的程序代码如下。

```
package chapter3

import org.apache.spark.sql.SparkSession

object TransTest10 {
  def main(args: Array[String]): Unit = {
    //构造 SparkSession
    val spark = SparkSession
      .builder
      .master("local[1]")
      .getOrCreate()
    //获取 sparkContext
    val sc = spark.sparkContext
    //创建 RDD
    val rdd1 = sc.makeRDD(Array[(Int, Char)](
      (1, 'a'), (2, 'b'), (3, 'c')
    ))
    val rdd2 = sc.makeRDD(Array[(Int, Char)](
      (1, 'A'), (2, 'B'), (4, 'D')
    ))
    //执行 join 操作
    val rdd3 = rdd1.join(rdd2)
    rdd3.foreach(println)
  }
}
```

运行程序并查看结果。操作结果显示已经将相同 Key 的元素关联到一起。对于两个 RDD 的不同 Key 的元素不会进行关联。

```
(1,(a,A))
(2,(b,B))
```

8. intersection 算子

intersection 算子是集合的交集操作，用于将两个 RDD 中相同的数据作为新的 RDD 中的数据。需要注意的是，集合中的元素是没有顺序的，同时对于多个重复的元素在集合中也被认为是一个元素。

以下程序实现了将两个数值类型的 RDD 进行交集操作。

```
val rdd3 = rdd1.intersection(rdd2)
```

完整的程序代码如下。

```
package chapter3

import org.apache.spark.sql.SparkSession

object TransTest12 {
  def main(args: Array[String]): Unit = {
    //构造 SparkSession
    val spark = SparkSession
      .builder
      .master("local[1]")
      .getOrCreate()
    //获取 sparkContext
    val sc = spark.sparkContext
    //创建 RDD
    val rdd1 = sc.makeRDD(List(1, 2, 2, 3))
    val rdd2 = sc.makeRDD(List(2, 2, 3, 4))
    //集合交集
    val rdd3 = rdd1.intersection(rdd2)
    rdd3.foreach(println)
  }
}
```

运行程序并查看结果。结果显示了两个 RDD 中相同的值,并将重复的值作为一个值进行处理。

```
3
2
```

9. cogroup 算子

cogroup 算子对两个(Key,Value)形式的 RDD 根据 Key 进行组合,例如,rdd1 的元素以(k,v)形式表示,rdd2 的元素以(k,w)形式表示,执行 rdd1.cogroup(rdd2)生成的结果形式为(k,(Iterable(v),Iterable(w)))。

以下程序实现了将相同用户 ID 的用户(User)和订单(Order)组合到一起。

```
val rdd3 = rdd1.cogroup(rdd2)
```

定义订单样例类。

```
package chapter3
```

```
/**
 * 订单
 *
 * @param orderId     订单 ID
 * @param userId      用户 ID
 * @param goodsCount  商品数量
 * @param price       价格
 * @param createTime  创建时间
 */
case class Order(orderId: Int, userId: Int, goodsCount: Double, price: Double, createTime: Long)
```

完整的程序代码如下。

```
package chapter3

import org.apache.spark.sql.SparkSession

object TransTest13 {
  def main(args: Array[String]): Unit = {
    //构造 SparkSession
    val spark = SparkSession
      .builder
      .master("local[*]")
      .getOrCreate()
    //获取 sparkContext
    val sc = spark.sparkContext
    //创建 RDD
    val rdd1 = sc.makeRDD(Array[(Int, User)](
      (1, User(1, "user1", "13100000001", "13101@qq.com", "beijing")),
      (2, User(2, "user2", "13100000002", "13102@qq.com", "shanghai")),
      (4, User(4, "user4", "13100000004", "13104@qq.com", "guangzhou"))
    ))
    val rdd2 = sc.makeRDD(Array[(Int, Order)](
      (1, Order(1, 1, 10.00, 999.99, 1674057000L)),
      (1, Order(1, 1, 20.00, 88.00, 1674057100L)),
      (2, Order(1, 2, 30.00, 65.00, 1674057200L))
    ))
    //执行 cogroup 操作
    val rdd3 = rdd1.cogroup(rdd2)
    rdd3.foreach(println)
  }
}
```

运行程序并查看结果。通过 cogroup 算子实现了 User 对象和 Order 对象的组合。

```
(4,(CompactBuffer(User(4,user4,13100000004,13104@qq.com,guangzhou)),CompactBuffer()))
(2,(CompactBuffer(User(2,user2,13100000002,13102@qq.com,shanghai)),CompactBuffer(Order(1,2,30.0,65.0,1674057200))))
```

```
(1,(CompactBuffer(User(1,user1,13100000001,13101@qq.com,beijing)),CompactBuffer
(Order(1,1,10.0,999.99,1674057000), Order(1,1,20.0,88.0,1674057100))))
```

任务2　Spark RDD 行动算子的应用

【任务描述】

本任务主要介绍 Spark RDD 主要行动算子的使用方法。通过本任务的学习和实践，读者可以掌握 Spark RDD 行动算子的使用方法。

【知识链接】

常用的 Spark RDD 行动算子

为满足不同的应用需求，Spark 提供了很多行动算子，鉴于篇幅限制，在这里不一一介绍，只对常用行动算子进行说明，如表 3-2 所示。

表 3-2　常用 Spark RDD 行动算子

行动算子	说明
reduce	将 RDD 数据集中的元素进行聚合计算
collect	以数组形式返回数据集中所有的元素
count	返回数据集中元素的数量
min	返回数据集中的最小值
max	返回数据集中的最大值
first	返回数据集中的第 1 个元素
take	返回数据集中的前 n 个元素，n 作为参数传入
saveAsTextFile	将数据集中的元素持久化为一个或一组文件
countByKey	统计数据集中 Key 相同的元素数量，元素类型为（Key, Value）类型的数据
foreach	对数据集中的每一个元素按照指定的函数进行运算，函数作为参数传入

【任务实施】

1. reduce 算子

将 RDD 的元素进行聚合计算，返回聚合的结果。以下程序实现了将分区中的数据数值数据相加和相乘计算。需要说明的是，和转换算子不同，reduce 计算结果不是一个新的 RDD，而是计算后的数值。

```
val result1 = rdd1.reduce(_ + _)//分区相加聚合
val result2 = rdd1.reduce(_ * _)//分区相乘聚合
```

完整的程序代码如下。

```scala
package chapter3

import org.apache.spark.sql.SparkSession

object ActionTest1 {
  def main(args: Array[String]): Unit = {
    //构造 SparkSession
    val spark = SparkSession
      .builder
      .master("local[*]")
      .getOrCreate
    //获取 sparkContext
    val sc = spark.sparkContext
    //创建 RDD
    val rdd1 = sc.makeRDD(Array[Int](
      1, 2, 3, 6
    ), 2)
    //分区相加聚合
    val result1 = rdd1.reduce(_ + _)
    println("result1:" + result1)
    //分区相乘聚合
    val result2 = rdd1.reduce(_ * _)
    println("result2:" + result2)
  }
}
```

运行程序并查看结果。以下显示了对分区内数据进行相加及相乘的计算结果。

```
result1:12
result2:36
```

2. count、min、max 等算子

在对一个 RDD 中的数据进行分析时，首先要获取数据的基本信息，例如，数据量的大小（count）、数据的最大值（max）和最小值（min）等。下面的程序获取了 RDD 中的基本信息。

```scala
//创建 RDD
val rdd1 = sc.makeRDD(Array[Int](1, 2, 4, 5, 8, 10))
//过滤奇数，保留偶数
val rdd2 = rdd1.filter(num => num % 2 == 0)
//计算 RDD 中元素的数量
val count=rdd2.count()
println("count:" + count)
//计算 RDD 中元素的第 1 个值
val first = rdd2.first()
println("first:" + first)
```

```
//计算RDD中元素的最小值
val min = rdd2.min()
println("min:" + min)
//计算RDD中元素的最大值
val max = rdd2.max()
println("max:" + max)
```

运行程序并查看结果。结果显示了 RDD 数据中的数据量、第 1 个值、最小值和最大值。

```
count:4
first:2
min:2
max:10
```

3. take 算子

take 算子返回 RDD 中的前 *n* 个元素组成的数组，*n* 作为参数传入。以下程序实现了按照用户的成绩进行排序，然后返回成绩前 3 名的用户。

```
//创建RDD
val rdd1 = sc.makeRDD(Array[(String, Int)](
  ("zhangsan", 80), ("lisi", 90), ("wangwu", 55), ("xiaoming", 95)
))
//按照成绩排序
val rdd2 = rdd1.sortBy(_._2, false)
//获取成绩前3名的用户
val result: Array[(String, Int)] = rdd2.take(3)
//输出结果
for (i <- 0 to result.length - 1) {
  println(result(i))
}
```

运行程序并查看结果。结果显示了成绩前 3 名的用户。

```
(xiaoming,95)
(lisi,90)
(zhangsan,80)
```

4. saveAsTextFile 算子

saveAsTextFile 算子将 RDD 中的元素持久化为一个或一组文本文件，并将文本文件存储在文件系统中。文件系统可以是本地文件系统，也可以是 HDFS。以下程序实现了将 User 用户对象持久化为文本文件。

```
//创建RDD
val rdd3 = sc.makeRDD(Array[User](
  User(1, "user1", "13100000001", "13101@qq.com", "beijing"),
  User(2, "user2", "13100000002", "13102@qq.com", "shanghai"),
```

```
        User(3, "user3", "13100000003", "13103@qq.com", "beijing"),
        User(4, "user4", "13100000004", "13104@qq.com", "guangzhou"),
        User(5, "user5", "13100000005", "13105@qq.com", "guangzhou"),
    ), 2)
    //保存为文本文件
    rdd3.saveAsTextFile("output/user.txt")
}
```

运行程序并查看结果。在文件系统中指定的目录下会生成以 part-为前缀的文本文件,可以继续打开文件并查看文件内容。

part-00000 文件的内容如下。

```
User(1,user1,13100000001,13101@qq.com,beijing)
User(2,user2,13100000002,13102@qq.com,shanghai)
```

part-00001 文件的内容如下。

```
User(3,user3,13100000003,13103@qq.com,beijing)
User(4,user4,13100000004,13104@qq.com,guangzhou)
User(5,user5,13100000005,13105@qq.com,guangzhou)
```

任务 3　Spark RDD 分区的应用

【任务描述】

本任务主要介绍 Spark RDD 分区的应用方法。通过本任务的学习和实践,读者可以理解 Spark RDD 分区的原理,掌握 Spark RDD 分区常用的方法。

【知识链接】

1. Spark RDD 分区原理

在创建 RDD 时,可以指定分区的数量,如果没有指定分区的数量,那么 Spark 会使用默认的分区数量。在并行计算时,Spark 针对每个分区都会分配一个单独的任务进行计算,因此,任务的数量是由分区的数量决定的。在构建 SparkSession 时,local[3]表示默认分区的数量为 3,如果是 local[*]则表示默认分区。应尽量按照 CPU 的核心数量创建分区。以下程序实现了不同分区数量的设置。

由于 rdd1 在创建时没有传入分区数量参数,因此此处将使用默认的分区数量,即 local[3]指定的数量 3。

```
val rdd1 = sc.makeRDD(Array[(String, Double)](
    ("sensor1", 35.5),
```

```
("sensor1", 36.1),
("sensor1", 37.2),
("sensor2", 90.5),
("sensor2", 0.5)
))
```

由于 rdd2 在创建的时候没有传入分区数量参数 2，因此这里将创建 2 个分区。

```
val rdd2 = sc.makeRDD(Array[(String, Double)](
  ("sensor1", 35.5),
  ("sensor1", 36.1),
  ("sensor1", 37.2),
  ("sensor2", 90.5),
  ("sensor2", 0.5)
), 2)
```

mapPartitionsWithIndex 算子用于实现针对每个分区的数据进行 map 操作，可以查看每个分区的数据。

```
rdd1.mapPartitionsWithIndex((pid, iter) => {
    iter.map(value => "rdd1 pid: " + pid + ", value: " + value)
  }).foreach(println)
```

2. 分区规则

RDD 对数据进行分区的方式主要有以下 3 种。

- Hash（哈希）分区：对（Key，Value）数据进行分区。数据分区规则为 partitionId=Key.hashCode % numPartitions，其中，partitionId 代表该 Key 对应的键值对数据应当分配到的分区标识，Key.hashCode 表示该 Key 的哈希值，numPartitions 表示包含的分区个数。
- Range 分区：为了解决 HashPartitioner 所带来的分区倾斜问题，即分区中包含的数据量不均衡问题，基于抽样对数据进行分区。
- 自定义分区：通过自定义分区的方式决定数据存储到哪个分区。在接下来程序中 numPartitions 方法返回自定义分区的数量，getPartition 方法确定数据的分区，方法传入的参数是（Key，Value）类型数据的 Key 值，返回的结果是分区的索引。

【任务实施】

1. 数据分区设置

编写程序，实现数据的默认分区，以及根据设置的分区数量进行分区。

```
//创建 RDD
val rdd1 = sc.makeRDD(Array[(String, Double)](
```

```scala
    ("sensor1", 35.5),
    ("sensor1", 36.1),
    ("sensor1", 37.2),
    ("sensor2", 90.5),
    ("sensor2", 0.5)
  ))
//分区数量
println("rdd1 numPartitions:" + rdd1.getNumPartitions)
//输出分区数据
rdd1.mapPartitionsWithIndex((pid, iter) => {
  iter.map(value => "rdd1 pid: " + pid + ", value: " + value)
}).foreach(println)
//创建 RDD
val rdd2 = sc.makeRDD(Array[(String, Double)](
    ("sensor1", 35.5),
    ("sensor1", 36.1),
    ("sensor1", 37.2),
    ("sensor2", 90.5),
    ("sensor2", 0.5)
), 2)
//分区数量
println("rdd2 numPartitions:" + rdd2.getNumPartitions)
//输出分区数据
rdd2.mapPartitionsWithIndex((pid, iter) => {
  iter.map(value => "rdd2 pid: " + pid + ", value: " + value)
}).foreach(println)
}
```

运行程序并查看结果。rdd1 的数据分为 3 个分区,rdd2 的数据分为 2 个分区。

```
rdd1 numPartitions:3
rdd1 pid: 1, value: (sensor1,36.1)
rdd1 pid: 2, value: (sensor2,90.5)
rdd1 pid: 0, value: (sensor1,35.5)
rdd1 pid: 2, value: (sensor2,0.5)
rdd1 pid: 1, value: (sensor1,37.2)
rdd2 numPartitions:2
rdd2 pid: 1, value: (sensor1,37.2)
rdd2 pid: 0, value: (sensor1,35.5)
rdd2 pid: 1, value: (sensor2,90.5)
rdd2 pid: 0, value: (sensor1,36.1)
rdd2 pid: 1, value: (sensor2,0.5)
```

2. 分区规则

以下程序使用自定义分区器来实现自定义数据分区。

```scala
// 自定义分区器
class MyPartitioner extends Partitioner {
  /**
   * 设置分区数量
   * @return 分区数量
   */
  override def numPartitions: Int = {
    3
  }

  /**
   * 分区规则
   * @param key 主键
   * @return 分区索引
   */
  override def getPartition(key: Any): Int = {
    key match {
      case "math" => 0
      case "chinese" => 1
      case _ => 2
    }
  }
}
```

以下程序用 3 种分区方式对数据集进行分区。

```scala
//创建 RDD
val rdd1 = sc.makeRDD(Array[(String, Int)](
  ("english", 80), ("math", 95), ("chinese", 55),
  ("math", 70), ("chinese", 60), ("sports", 90),
))
//保存为文本文件
rdd1.saveAsTextFile("output/part1")
//Hash 分区
val rdd2: RDD[(String, Int)] = rdd1.partitionBy(new HashPartitioner(2))
rdd2.saveAsTextFile("output/part2")
//Range 分区
val rdd3: RDD[(String, Int)] = rdd1.partitionBy(new RangePartitioner(2, rdd1))
rdd3.saveAsTextFile("output/part3")
//自定义分区
val rdd4: RDD[(String, Int)] = rdd1.partitionBy(new MyPartitioner())
rdd4.saveAsTextFile("output/part4")
}
//自定义分区器
class MyPartitioner extends Partitioner {
  /**
   * 设置分区数量
```

```
 *
 * @return 分区数量
 */
override def numPartitions: Int = {
  3
}

/**
 * 分区规则
 *
 * @param key 主键
 * @return 分区索引
 */
override def getPartition(key: Any): Int = {
  key match {
    case "math" => 0
    case "chinese" => 1
    case _ => 2
  }
}
}
```

- Hash 分区的结果。

part-00000 文件的内容如下。

```
(english,80)
(sports,90)
```

part-00001 文件的内容如下。

```
(chinese,55)
(chinese,60)
(sports,90)
```

- Range 分区的结果。

part-00000 文件的内容如下。

```
(english,80)
(chinese,55)
(chinese,60)
```

part-00001 文件的内容如下。

```
(math,95)
(math,70)
(sports,90)
```

- 自定义分区的结果。

part-00000 文件的内容如下。

```
(math,95)
(math,70)
```

part-00001 文件的内容如下。

```
(chinese,55)
(chinese,60)
```

part-00002 文件的内容如下。

```
(english,80)
(sports,90)
```

任务 4　Spark 共享变量的应用

【任务描述】

本任务主要介绍 Spark 共享变量的使用方法。通过本任务的学习和实践，读者可以理解 Spark 共享变量的原理，掌握累加器和广播变量的使用方法。

【知识链接】

Spark 共享变量

一般情况下，应用程序运行时，算子中的函数会发送到多个节点上并执行，如果一个算子使用了某个外部变量，该变量会被复制到 Worker 节点的每一个任务中，各个任务对变量的操作相对独立，当变量所存储的数据量非常大时，将增加网络传输及内存的开销，为解决这个问题，Spark 提供了两种共享变量——累加器和广播变量。

累加器用来对信息进行聚合，通常在向 Spark 传递函数时，可以使用 Driver 中定义的变量，但是集群中运行的每个任务都会得到这些变量的一份新的副本，更新这些副本的值也不会影响 Driver 端程序中的对应变量。如果想实现所有分片处理时更新共享变量的功能，那么累加器可以实现这一需求。

广播变量用来高效分发较大的对象。向所有工作节点发送一个较大的只读值，以供一个或多个 Spark 算子使用。使用广播变量的过程如下。

（1）通过对一个类型 T 的对象调用 SparkContext.broadcast 以创建一个 Broadcast[T]对象，任何可序列化的类型都可以这么实现。

（2）通过 value 属性访问该对象的值。

（3）变量只会被发送到各个节点一次，应作为只读值处理。

【任务实施】

Spark 广播变量的应用

以下程序实现了广播变量的一个应用。假设有一个文本数据集，文本数据集中的单词具有不同的权重，单词权重项的数量和数据集中单词的数量基本相等，因为文本数据集比较大，所以权重的定义也是一个很大的变量，为了减少网络传输和内存的开销，可以将权重的定义设置为广播变量。以下程序代码实现了定义广播变量和获取广播变量的值的方法。

```
val suppBroadcast = sc.broadcast(supplementalData)   //定义广播变量
val map: Map[String, Int] = suppBroadcast.value      //获取广播变量的值
```

完整的程序代码如下。

```
//构造数据集，单词数据集
val myCollection = "Life is like music It must be composed by ear feeling and instinct".split(" ")
val words = sc.makeRDD(myCollection, 2)
//构造一个大的复杂的变量，Map 单词->权重
val supplementalData = Map("Life" -> 1000, "music" -> 200, "ear" -> 100, "rule" -> -100)
//广播变量
val suppBroadcast = sc.broadcast(supplementalData)
//获取广播变量的值
val map: Map[String, Int] = suppBroadcast.value
//遍历单词集，返回二元组（单词，权重）。如果单词权重不存在，则返回 0
val result = words.map(word => (word, suppBroadcast.value.getOrElse(word, 0)))
  .sortBy(wordPair => wordPair._2,false)
  //收集，以数组形式返回结果
  .collect()
//输出结果
result.foreach(println)
```

运行程序并查看结果。单词已经和相应的权重进行组合，构成了（单词，权重）的二元组形式。

```
(Life,1000)
(music,200)
(ear,100)
(is,0)
(like,0)
(It,0)
```

```
(must,0)
(be,0)
(composed,0)
(by,0)
(feeling,0)
(and,0)
(instinct,0)
```

项目小结

本项目通过 4 个任务讲解了 Spark RDD 转换算子和行动算子的使用方法、RDD 分区的原理及使用方法、共享变量的原理及使用方法。本项目主要包括以下内容。

- Spark RDD 的基本原理。
- Spark RDD 转换算子的应用方法。
- Spark RDD 行动算子的应用方法。
- Spark 分区的原理及应用方法。
- Spark 共享变量累加器和广播变量的基本原理及应用方法。

项目拓展

自学除了本项目以外 Spark RDD 的其他转换算子和行动算子的使用方法，并编写案例程序进行练习，加深对算子应用的理解。

重要提示：在 Spark 官方网站查阅相关资料。

思考与练习

理论题

一、选择题

1. 下面属于 RDD 转换算子的是。（　　）

（A）count　　　　　　（B）flatMap

（C）min　　　　　　　（D）max

2. 下面属于 RDD 行动算子的是。（　　）

（A）map　　　　　　　（B）filter

(C) collect (D) flatMap

3. 下面哪项不属于 RDD 的分区方式。（　　）

(A) 自定义分区 (B) Hash 分区

(C) Range 分区 (D) 随机分区

二、简答题

1. 简述 map 算子和 flatMap 算子的主要区别。
2. 简述常用的 RDD 转换算子的功能。
3. 简述常用的 RDD 行动算子的功能。
4. 简述广播变量的实现原理。

实训题

1. 练习常用的 RDD 转换算子和行动算子的使用方法。
2. 练习使用 Spark 常用的分区方法对数据进行分区。
3. 练习共享变量的使用方法。

项目 4

Spark SQL 操作

项目导读

Spark SQL 是 Spark 处理结构化数据的高级 API。结构化数据是指具有 Schema 元数据信息的数据。Spark SQL 允许使用 SQL 语句或熟悉的 DataFrame、Dataset API 在 Spark 程序中查询结构化数据。DataFrame、Dataset 是 Spark SQL 提供的编程对象，与 RDD 不同的是，DataFrame、Dataset 在 RDD 的基础上添加了 Schema 信息，使得查询和处理数据更加方便。

思政目标

- 培养学生求真务实、开拓进取的工作态度。
- 培养学生的批判性思维和创新意识。

- 掌握 Spark SQL 基本操作流程。
- 掌握 Spark SQL 常用的数据源的使用方法。
- 掌握 Spark SQL 内置函数和自定义函数的使用方法。
- 掌握 Spark SQL 的关联表、分组集合、排序等操作方法。

任务 1　Spark SQL 入门

【任务描述】

本任务主要介绍基于 Spark SQL API 实现用户数据过滤的功能。通过本任务的学习和实践，读者可以了解 Spark SQL 的编程模型，掌握使用 Spark SQL 进行数据处理的基本方法。

【知识链接】

Spark SQL 简介

Spark SQL 是 Spark 用于结构化数据处理的模块。Spark SQL 提供了更高层的 API，大大简化 RDD 的开发复杂度，提高了开发效率。Spark SQL 提供了 2 个编程抽象——DataFrame 和 Dataset。相对于 RDD，Spark SQL 的主要优点如下。

- 易整合：无缝整合 SQL 查询和 Spark 编程统一的数据访问方式，以便使用相同的方式连接不同的数据源。
- 兼容 Hive：在已有的仓库上直接运行 SQL 或者 HiveQL。
- 标准数据连接：通过 JDBC 或者 ODBC 连接数据源。

【任务实施】

1. 添加 Maven 依赖

首先在 pom.xml 文件中添加 Spark SQL 相关的依赖包。本项目的任务还需要连接 MySQL 数据库和 Hive 数据仓库，因此也需要添加相应的依赖包。

```xml
<!--连接MySQL数据库的驱动-->
<dependency>
    <groupId>mysql</groupId>
    <artifactId>mysql-connector-java</artifactId>
    <version>5.1.47</version>
</dependency>
<!--连接Hive的驱动-->
<dependency>
    <groupId>org.apache.spark</groupId>
    <artifactId>spark-hive_2.12</artifactId>
    <version>3.0.0</version>
</dependency>
    <!--Spark SQL 所需库-->
```

```xml
<dependency>
    <groupId>org.apache.spark</groupId>
    <artifactId>spark-sql_2.12</artifactId>
    <version>3.0.0</version>
</dependency>
```

2. 创建数据源文件

创建表示用户信息的数据文件 user.csv，数据由 5 列组成，表示与用户相关的信息。

- 第 1 列：用户 ID。
- 第 2 列：用户名。
- 第 3 列：手机号。
- 第 4 列：电子邮箱。
- 第 5 列：所在城市。

```
1,user1,13100000001,13101@qq.com,beijing
2,user2,13100000002,13102@qq.com,shanghai
3,user3,13100000003,13103@qq.com,beijing
4,user4,13100000004,13104@qq.com,guangzhou
5,user5,13100000005,13105@qq.com,guangzhou
```

3. 基于 DataFrame 实现

（1）修改 user.csv 文件，增加头信息。

由于 Spark SQL 与 RDD 的实现方法的不同之处在于 Spark SQL 包含 Schema 信息，因此需要在 CSV 文件中增加 Schema 信息，在 user.csv 的数据基础上增加头信息（userId, loginName, mobile, email, city），然后将其另存为 user2.csv 文件。

```
userId,loginName,mobile,email,city
1,user1,13100000001,13101@qq.com,beijing
2,user2,13100000002,13102@qq.com,shanghai
3,user3,13100000003,13103@qq.com,beijing
4,user4,13100000004,13104@qq.com,guangzhou
5,user5,13100000005,13105@qq.com,guangzhou
```

（2）获取或创建 SparkSession。

```
//获取或创建 SparkSession
val spark = SparkSession.builder()
  .appName("SparkSQLTest1")
  .master("local[*]")
    .getOrCreate()
```

（3）SparkSession 的 read 方法可以直接读取 user2.csv 文件，然后创建 DataFrame。

```
//读取 CSV 文件,创建 DataFrame
val df: sql.DataFrame = spark.read.format("csv")
  .option("header", "true")
  .load("./data/user2.csv")
```

(4) DataFrame 包含了 Schema 信息,可以通过 printSchema 方法输出。

```
//输出 Schema
df.printSchema()
root
 |-- userId: string (nullable = true)
 |-- loginName: string (nullable = true)
 |-- mobile: string (nullable = true)
 |-- email: string (nullable = true)
 |-- city: string (nullable = true)
```

(5) 使用 where 方法过滤数据,参数为过滤条件,只保留城市为 beijing 的数据。

```
//过滤数据
val df2 = df.where("city='beijing'")
```

(6) 运行程序并查看结果。结果如下。

```
+------+---------+------------+-------------+-------+
|userId|loginName|      mobile|        email|   city|
+------+---------+------------+-------------+-------+
|     1|    user1|13100000001|13101@qq.com|beijing|
|     3|    user3|13100000003|13103@qq.com|beijing|
+------+---------+------------+-------------+-------+
```

4. 基于 SQL 实现

除了使用 where 方法以外,对于熟悉 SQL 的读者,编写 SQL 语句是快捷的实现方式。如果使用 SQL 语句,首先需要将 DataFrame 注册为表,可以通过 createTempView 方法实现。

(1) 创建临时表。

```
//创建临时表
df.createTempView("user")
```

(2) 执行 SQL 语句,实现数据过滤功能。

使用 SparkSession 的 sql 方法,参数为 SQL 语句,实现只查询所在城市为 shanghai 的用户信息的功能。

```
//执行 SQL 语句
val df3 = spark.sql("select * from user where city='shanghai'")
```

(3) 运行程序并查看结果。结果如下。

```
+------+---------+------------+-------------+--------+
|userId|loginName|      mobile|        email|    city|
+------+---------+------------+-------------+--------+
|     2|    user2|13100000002 |13102@qq.com |shanghai|
+------+---------+------------+-------------+--------+
```

任务 2　Spark SQL 基本操作

【任务描述】

本任务主要介绍 Spark SQL 的基本操作。通过本任务的学习和实践，读者可以理解 DataFrame 和 Dataset 的区别，掌握 DataFrame、Dataset 和 RDD 的转换方式，掌握使用 Spark SQL 读取数据源、数据分析和结果输出的方法。

【知识链接】

1. DataFrame 和 Dataset

DataFrame 是一种以 RDD 为基础的分布式数据集，类似于关系数据库中的表格。Dataset 是分布式数据集合。DataFrame 是 Dataset 的特例：type DataFrame=Dataset[Row]，其中，Row 是一个类型，跟 User 的类型一样，所有的表结构信息都用 Row 来表示。

DataFrame、Dataset 与 RDD 的主要区别是，前者带有 Schema 元信息，即所表示的二维表数据集的每一列都带有名称和类型以及是否允许为 null 的信息，而 RDD 不包含 Schema 信息。因为 Spark SQL 保护了 Schema 信息，更了解数据内部结构，从而可以对数据源以及作用于 DataFrame 之上的变换进行针对性的优化，最终达到大幅提升运行时效率的目标。

Spark SQL 是基于 RDD 实现的，因此 DataFrame、Dataset 和 RDD 三者具有如下共同的特性。

- RDD、DataFrame、DataSet 都是 Spark 平台下的分布式弹性数据集。
- 三者都有惰性机制，在进行创建、转换时不会立即执行，只有在执行行动算子时，才会开始计算。
- 三者有许多共同的函数，如 filter、sortBy、groupBy 等，以及都有分区的概念。

2. DataFrame、Dataset 和 RDD 的转换

（1）导入隐式类型转换的包。

DataFrame、Dataset 和 RDD 进行转换时要导入隐式类型转换的包 spark.implicits._。

```
//RDD 和 DataFrame、DataSet 转换要导入的包
import spark.implicits._
```

（2）RDD 调用方法 toDF 转换为 DataFrame。

```
//RDD 转换为 DataFrame
val df: DataFrame = rdd3.toDF()
```

（3）RDD 调用方法 toDS 转换为 Dataset。

```
//RDD 转换为 Dataset
val ds: Dataset[User] = rdd3.toDS
```

（4）DataFrame、Dataset 调用方法 rdd 转换为 RDD。

```
//DataFrame 转换为 RDD
val rdd4=df.rdd
```

```
//Dataset 转换为 RDD
val rdd5=ds.rdd
```

（5）DataFrame 调用方法 as[T]转换为 Dataset，其中，T 为转换的对象类型。

```
//DataFrame 转换为 Dataset
val ds2=df.as[User]
```

（6）Dataset 调用方法 toDF 转换为 DataFrame。

```
//Dataset 转换为 DataFrame
val df2=ds.toDF()
```

3. 创建 DataFrame 的方法

Spark Session 是创建 DataFrame 和执行 SQL 的入口。用于创建 DataFrame 的方法主要有如下 3 种。

- 通过 Spark 的数据源进行创建。SparkSession 提供的 read 方法可以读取常见数据源中的数据。
- 从 RDD 进行转换。调用 RDD 的 toDF 转换为 DataFrame，调用 toDS 方法转换为 Dataset。
- 使用 Hive Table 查询返回 DataFrame。

4. 读取和保存数据

SparkSession 提供的 read 方法读取数据源是常用的方法，可以对 CSV 文件、JSON 文件和 JDBC 数据源进行读取。Spark SQL 使用 read 方法读取数据以后会进行一系列的处理操作，最后将结果进行持久化存储，可以将结果保存到文件系统中，也可以保存到关系数据库中，

Spark SQL 提供了统一的写入方法——SparkSession 的 write 方法。

【任务实施】

1. RDD 与 DataFrame、Dataset 的相互转换

编写程序并运行，实现 RDD 与 DataFrame、Dataset 的相互转换。

```scala
package chapter4

import chapter3.User
import org.apache.spark.rdd.RDD
import org.apache.spark.sql.{DataFrame, Dataset, SparkSession}

object SparkSQLTest3 {
  def main(args: Array[String]): Unit = {
    //获取或创建 SparkSession
    val spark = SparkSession.builder()
      .appName("SparkSQLTest3")
      .master("local[*]")
      .getOrCreate()
    //设置日志级别
    spark.sparkContext.setLogLevel("WARN")
    //读取 CSV 文件，创建 RDD
    val rdd1: RDD[String] = spark.sparkContext.textFile("./data/user.csv")
    //按照逗号（,）进行拆分
    val rdd2:RDD[Array[String]]=rdd1.map(_.split(","))
    val rdd3:RDD[User]=rdd2.map(user=>User(user(0).toInt,user(1),user(2),user(3),user(4)))
    //RDD 和 DataFrame、DataSet 相互转换时要导入的包
    import spark.implicits._
    //RDD 转换为 DataFrame
    val df: DataFrame = rdd3.toDF()
    //显示 Schema
    df.printSchema()
    //显示记录
    df.show()
    //RDD 转换为 Dataset
    val ds: Dataset[User] = rdd3.toDS
    //输出 Schema
    ds.printSchema()
    //显示记录
    ds.show()

    //DataFrame 转换为 RDD
```

```
        val rdd4=df.rdd
        //遍历数据
        rdd4.foreach(println)

        //Dataset 转换为 RDD
        val rdd5=ds.rdd
        //遍历数据
        rdd5.foreach(println)

        //DataFrame 转换为 Dataset
        val ds2=df.as[User]
        //输出 Schema
        ds2.printSchema()
        //显示记录
        ds2.show

        //Dataset 转换为 DataFrame
        val df2=ds.toDF()
        //输出 Schema
        df2.printSchema()
        //显示记录
        df2.show
    }
}
```

2. Spark 读取 CSV 文件

本项目任务 1 使用了读取 CSV 文件的方法，读取的用户信息是包含头信息的。头信息可以作为 Schema 信息。如果文件的第一行不包含列的描述信息，Spark SQL 将使用默认的 Schema。如果默认的 Schema 不满足需求，用户可以对 Schema 进行修改。

使用 SparkSession 的 read 方法读取 user.csv 文件。因为不包含头信息，所以使用默认的 Schema 信息，需要将选项 header 设置为 false。

（1）读取 CSV 文件，创建 DataFrame。

```
//读取 CSV 文件，创建 DataFrame
val df: sql.DataFrame = spark.read.format("csv")
  .option("header", "false")
  .load("./data/user.csv")
```

（2）输出默认的 Schema 信息。

```
//输出 Schema
 df.printSchema()
```

```
root
 |-- _c0: string (nullable = true)
 |-- _c1: string (nullable = true)
 |-- _c2: string (nullable = true)
 |-- _c3: string (nullable = true)
 |-- _c4: string (nullable = true)
```

(3) 修改列信息。

默认的 Schema 信息可读性比较差，可以使用 withColumnRenamed 方法重命名列名。默认的 Schema 的数据类型是 String，可以根据需要使用 withColumn 修改数据类型。

```
//修改列名称
val df2=df.withColumnRenamed("_c0","userId")
  .withColumnRenamed("_c1","loignName")
  .withColumnRenamed("_c2","mobile")
  .withColumnRenamed("_c3","email")
  .withColumnRenamed("_c4","city")
  //修改列的类型
  .withColumn("userId",col("userId").cast(IntegerType))
```

修改后的 Schema 信息如下。

```
root
 |-- userId: integer (nullable = true)
 |-- loignName: string (nullable = true)
 |-- mobile: string (nullable = true)
 |-- email: string (nullable = true)
 |-- city: string (nullable = true)
```

(4) 运行程序并查看最终结果。结果如下。

```
+------+---------+-----------+------------+---------+
|userId|loignName|     mobile|       email|     city|
+------+---------+-----------+------------+---------+
|     1|    user1|13100000001|13101@qq.com|  beijing|
|     2|    user2|13100000002|13102@qq.com| shanghai|
|     3|    user3|13100000003|13103@qq.com|  beijing|
|     4|    user4|13100000004|13104@qq.com|guangzhou|
|     5|    user5|13100000005|13105@qq.com|guangzhou|
+------+---------+-----------+------------+---------+
```

(5) 读取带头信息的 CSV 文件。

如果 CSV 文件带有头信息，可以将头信息作为 Schema。user2.csv 文件的第一行作为头信息，需要将选项 header 设置为 true。

```
//读取 CSV 文件，创建 DataFrame
val df: sql.DataFrame = spark.read.format("csv")
  .option("header", "true")
```

```
.load("./data/user2.csv")
```

3. Spark 读取 JSON 文件。

Spark SQL 同样使用 SparkSession 的 read 方法读取 JSON 文件并创建 DataFrame。下面以读取 JSON 格式的用户的成绩为例，讲解读取 JSON 文件的方法。

（1）创建文件。

编写 JSON 文件，命名为 score.json，属性如下。

- userId：用户 ID。
- course：课程。
- score：分数。

```
{"userId":1,"course":"math","score":100}
{"userId":2,"course":"chinese","score":80}
{"userId":3,"course":"english","score":50}
```

（2）读取 score.json 文件，创建 DataFrame。

```
//读取 JSON 文件，创建 DataFrame
val df: sql.DataFrame = spark.read.json("./data/score.json")
```

（3）输出 Shema。

```
//输出 Schema
df.printSchema()
root
 |-- course: string (nullable = true)
 |-- score: long (nullable = true)
 |-- userId: long (nullable = true)
```

（4）显示记录。

```
//显示记录
df.show()
+-------+-----+------+
| course|score|userId|
+-------+-----+------+
|   math|  100|     1|
|chinese|   80|     2|
|english|   50|     3|
+-------+-----+------+
```

4. Spark 从 MySQL 中读取数据

使用 SparkSession 的 read 方法，可以连接 JDBC，从数据库中读取数据，读取文件并创建 DataFrame。以下案例实现了从 MySQL 数据库的分数表中读取数据的操作方法。

（1）在 MySQL 数据库中创建数据表 score，表示用户课程的分数。

score 表设计如表 4-1 所示。

表 4-1　score 表设计

字段	类型	说明
user_id	int	用户 ID
course	varchar	课程
score	int	分数

（2）在 score 表中插入记录。

score 表记录的数据如表 4-2 所示。

表 4-2　score 表记录的数据

user_id	course	score
1	math	100
2	chinese	80
3	english	50

（3）读取 MySQL 数据库的数据。

使用 JDBC 连接 MySQL 数据库，读取数据，创建 DataFrame。JDBC 连接设置如表 4-3 所示。

表 4-3　JDBC 连接设置

选项	说明	示例
url	URL 连接	jdbc:mysql://localhost:3306/spark_project?useSSL=false
driver	驱动	com.mysql.jdbc.Driver
dbtable	表名	score
user	用户账号	root
password	密码	root123456

```
val df = spark.read
  .format("jdbc")
  .option("url", "jdbc:mysql://localhost:3306/spark_project?useSSL=false") //连接URL
  .option("driver", "com.mysql.jdbc.Driver") //驱动
  .option("dbtable", "score") //表名
  .option("user", "root") //账号
  .option("password", "root123456") //密码
  .load()
```

（4）输出 Shema。

```
//输出 Schema
df.printSchema()
```

```
root
 |-- user_id: integer (nullable = true)
 |-- course: string (nullable = true)
 |-- score: integer (nullable = true)
```

(5) 显示记录。

```
//显示记录
df.show()
```

(6) 运行程序并查看结果。结果如下。

```
+-------+-------+-----+
|user_id| course|score|
+-------+-------+-----+
|      1|   math|  100|
|      2|chinese|   80|
|      3|english|   50|
+-------+-------+-----+
```

5. Spark 写入 CSV 文件

以下案例实现从 MySQL 数据库中读取 score 表的数据，只保留课程为 math 的记录，并将结果写入 CSV 文件中。使用 SparkSession 的 read 方法读取数据库中 score 表的数据的过程不再赘述。

(1) 过滤数据。

```
//保留课程为 math 的数据
val df2 = df.where("course='math'")
+-------+------+-----+
|user_id|course|score|
+-------+------+-----+
|      1|  math|  100|
+-------+------+-----+
```

(2) 将过滤后的数据写入 CSV 文件。

方法主要参数说明如下。

- mode 方法主要有 2 个参数：overwrite 表示以覆盖方式写入；append 表示以追加方式写入。
- option 中的 header 为 true，表示写入时写入头信息，也就是列的名称。
- save 方法的参数表示写入 CSV 文件的路径。

```
//保存结果
df2.coalesce(1)
  .write
```

```
    .format("csv")
    .mode("overwrite")
    .option("header", "true")
    .save("./output/score_csv")
```

(3) 运行程序并查看结果。

运行程序并在指定的输出文件夹中查看结果，如图 4-1 所示。

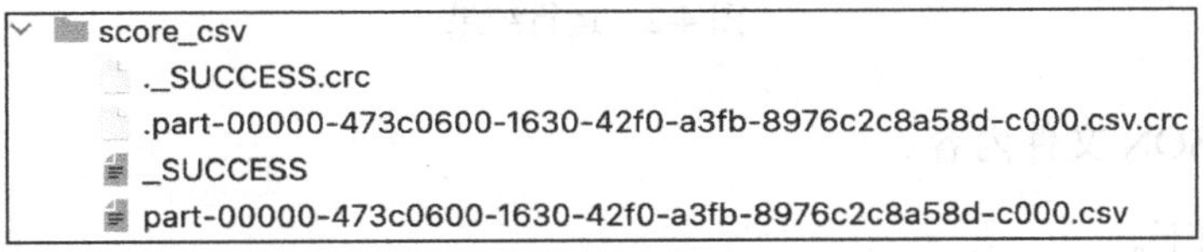

```
∨ ▤ score_csv
        ._SUCCESS.crc
        .part-00000-473c0600-1630-42f0-a3fb-8976c2c8a58d-c000.csv.crc
        _SUCCESS
        part-00000-473c0600-1630-42f0-a3fb-8976c2c8a58d-c000.csv
```

图 4-1 运行结果

(4) 查看 CSV 文件的内容。

具体内容如下。

```
user_id,course,score
1,math,100
```

6. Spark 写入 JSON 文件

以下案例实现从 user2.csv 文件中读取数据，只保留城市为 beijing 的记录，并将结果写入 JSON 文件中。使用 SparkSession 的 read 方法读取 user2.csv 数据的过程不再赘述。

过滤城市不是 beijing 的数据。

(1) 过滤数据。

```
//保留城市为beijing的数据
val df2 = df.where("city='beijing'")
```

(2) 写入 JSON 文件。

方法主要参数说明如下。

- mode 方法主要有 2 个参数：overwrite 表示以覆盖方式写入；append 表示以追加方式写入。
- save 方法的参数表示写入 JSON 文件的路径。

```
df2.coalesce(1)
    .write
    .format("json")
    .mode("overwrite")
    .save("./output/user_json")
```

（3）运行程序并查看结果。

运行程序并在指定的输出文件夹中查看结果，如图 4-2 所示。

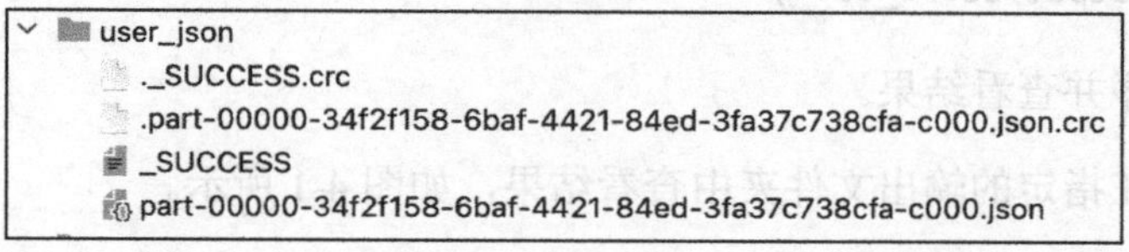

```
∨ 📁 user_json
    📄 ._SUCCESS.crc
    📄 .part-00000-34f2f158-6baf-4421-84ed-3fa37c738cfa-c000.json.crc
    📄 _SUCCESS
    📄 part-00000-34f2f158-6baf-4421-84ed-3fa37c738cfa-c000.json
```

图 4-2　运行结果

（4）查看 JSON 文件内容。

具体内容如下。

```
{"userId":"1","loginName":"user1","mobile":"13100000001","email":"13101@qq.com","city":"beijing"}
{"userId":"3","loginName":"user3","mobile":"13100000003","email":"13103@qq.com","city":"beijing"}
```

7. Spark 写入 MySQL 数据库

以下案例实现从 score.json 文件中读取数据，只保留课程为 math 的记录，并将结果写入 MySQL 数据库中。使用 SparkSession 的 read 方法读取 score.json 数据的过程不再赘述。

（1）过滤数据。

```
//保留课程为 math 的数据
val df2 = df.where("course='math'")
```

（2）创建数据表，保存结果数据。

score2 的表设计和 score 表一样，可以参考表 4-1 的说明。使用 write 方法将分析结果写入 MySQL 数据库中，主要参数说明如下。

- mode 方法主要有 2 个参数：overwrite 表示以覆盖方式写入；append 表示以追加方式写入。

- option 方法的参数主要配置连接 MySQL 数据库的方式，参考表 4-3 的说明。

```
//保存到 MySQL 数据库
df2.write.mode("overwrite") //保存方式为覆盖
  .format("jdbc")
  .option("url", "jdbc:mysql://localhost:3306/spark_project?useSSL=false")
  .option("driver", "com.mysql.jdbc.Driver")
  .option("dbtable", "score2")
  .option("user", "root")
  .option("password", "root123456")
  .save()
```

(3）运行程序并查看结果。

使用数据库客户端软件 Navicat 连接数据库，查询结果如图 4-3 所示。

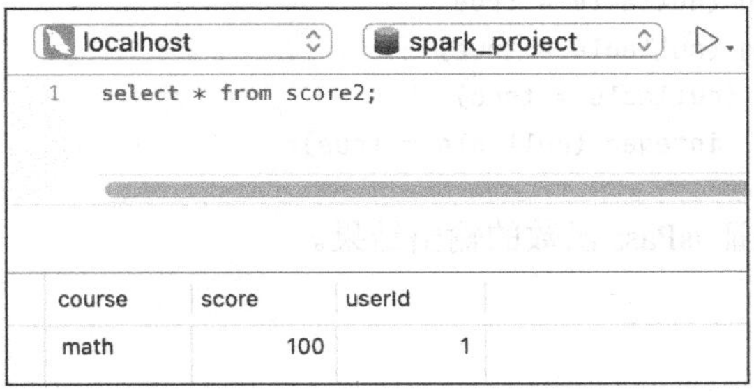

图 4-3　MySQL 查询结果

8. Spark 自定义函数

Spark SQL 提供了很多内置的函数，可以实现不同的功能，当内置函数不能满足需求时，可以通过自定义函数的方式开发满足需求的函数。

（1）自定义函数 isPass。

实现的功能是根据分数判断是否及格，如果分数大于或等于 60 分，则返回 1，否则返回 0。

```
//定义函数，判断是否及格，若及格则返回1，否则返回0
val isPass = (score: Int) => {
  if (score >= 60) 1 else 0
    }
```

（2）注册函数。

自定义函数在使用时，需要先注册，可调用 udf.register 方法实现。udf.register 方法的第 1 个参数为注册的函数名称，第 2 个参数为具体的函数实现。

```
//注册函数
 spark.udf.register("isPass", isPass)
```

（3）调用函数。

自定义函数和系统内置函数的使用方法一样，可以直接在 SQL 语句中使用 isPass(score)，根据 score 分数的值返回用户成绩是否及格的结果。

```
//创建临时表
 df.createTempView("t_score")
//查询用户成绩是否及格
val df2 = spark.sql("select userId,course,score,isPass(score) from t_score")
```

（4）输出 Schema。

输出并查看 Schema，在 Schema 中增加 isPass(score)列。

```
//输出 Schema
 df2.printSchema()
root
 |-- userId: string (nullable = true)
 |-- course: string (nullable = true)
 |-- score: string (nullable = true)
 |-- isPass(score): integer (nullable = true)
```

(5) 显示记录,验证 isPass 函数的输出结果。

```
//显示记录
 df2.show()
+------+-------+-----+-------------+
|userId| course|score|isPass(score)|
+------+-------+-----+-------------+
|     1|   math|  100|            1|
|     2|   math|   70|            1|
|     3|   math|   50|            0|
|     1|english|   90|            1|
|     2|english|   70|            1|
|     3|english|   60|            1|
|     1|chinese|   58|            0|
|     2|chinese|   90|            1|
|     3|chinese|   75|            1|
+------+-------+-----+-------------+
```

9. Spark 自定义聚合函数

Spark SQL 提供了常用的聚合函数,如 count、sum、min、max 等。如果内置的聚合函数无法满足需求,用户也可以编写自定义聚合函数。以下案例实现了计算平均分数的功能。

(1) 定义中间结果样例类。

属性 sum 表示分数的总和;属性 count 表示记录的数量,用于缓存计算的中间结果。

```
/**
 * 定义中间结果
 *
 * @param sum    分数的总和
 * @param count  记录的数量
 */
 case class Average(var sum: Long, var count: Long)
```

(2) 定义 AvgScore 类,实现具体的计算逻辑。

- AvgScore 类扩展 Aggregator[Long, Average, Double]。
- reduce:合并两个值以生成一个新的值,并返回新的值。
- merge:合并两个 Average。

● finish：输出结果，汇总分数/数量。

```
class AvgScore extends Aggregator[Long, Average, Double] {

    //定义聚合的零值，满足任意的 b，实现 b + zero = b
    def zero: Average = Average(0L, 0L)

    //合并两个值以生成一个新的值，并返回新的值
    def reduce(buffer: Average, score: Long): Average = {
      buffer.sum += score
      buffer.count += 1
      buffer
    }

    //合并两个 Average
    def merge(b1: Average, b2: Average): Average = {
      b1.sum += b2.sum
      b1.count += b2.count
      b1
    }

    //输出结果，汇总分数/数量
    def finish(reduction: Average): Double = reduction.sum.toDouble / reduction.count

    //定义 Encoder
    def bufferEncoder: Encoder[Average] = Encoders.product

    //定义输出值的类型
    def outputEncoder: Encoder[Double] = Encoders.scalaDouble
  }
}
```

（3）注册函数。

调用 udf.register 方法注册自定义函数。注册函数的名称为 avg_score。

```
//注册函数
 spark.udf.register("avg_score", functions.udaf(new AvgScore()))
```

调用 avg_score(score)来计算分数平均值。

```
// 调用自定义函数来查询平均分
val df2 = spark.sql("select avg_score(score) from t_score")
```

（4）显示自定义函数的调用结果。

```
//显示记录
df2.show()
```

```
+------------------------------+
|avgscore(CAST(score AS BIGINT))|
+------------------------------+
|            73.66666666666667 |
+------------------------------+
```

（5）验证自定义函数的调用结果。

为了验证调用自定义函数的调用结果，调用系统内置函数 avg(score)计算分数平均值，对两者的查询结果进行对比。通过对比，可以发现两个输出结果是一样的。

```
//使用 avg 函数来查询平均分
val df3 = spark.sql("select avg(score) from t_score")
//显示记录
df3.show()
+--------------------------+
|avg(CAST(score AS DOUBLE))|
+--------------------------+
|         73.66666666666667|
+--------------------------+
```

任务 3 Spark SQL 高级应用

【任务描述】

本任务主要介绍 Spark SQL 的高级应用。通过本任务的学习和实践，读者可以了解 Spark SQL 更复杂的应用场景，掌握使用 Spark SQL 实现数据去重、分组聚合、排序等操作的方法。

【任务实施】

1. 数据去重

所谓去重，就是去掉重复的数据。在数据采集的过程中，由于某些原因，数据集可能存在重复数据，为了保证数据分析结果的正确性，数据去重是一个常见的操作。distinct 方法可以过滤重复数据。以下程序实现了过滤重复的用户数据。

（1）创建带有重复数据的文件 user3.csv。

```
userId,loginName,mobile,email,city
1,user1,13100000001,13101@qq.com,beijing
2,user2,13100000002,13102@qq.com,shanghai
3,user3,13100000003,13103@qq.com,beijing
```

```
3,user3,13100000003,13103@qq.com,beijing
2,user2,13100000002,13102@qq.com,shanghai
```

（2）使用 distinct 方法过滤重复数据。

```
//去重
val df2 = df.distinct()
```

（3）运行程序并查看结果。可以看到已经过滤数据中的重复记录。

```
+------+---------+-----------+------------+--------+
|userId|loginName|     mobile|       email|    city|
+------+---------+-----------+------------+--------+
|     3|    user3|13100000003|13103@qq.com| beijing|
|     2|    user2|13100000002|13102@qq.com|shanghai|
|     1|    user1|13100000001|13101@qq.com| beijing|
+------+---------+-----------+------------+--------+
```

2. 数据排序

对数据进行排序是常见操作。例如对学生的成绩按照由高到低的方式进行排序。排序规则可以按照升序也可以按照降序。使用 orderBy 方法可以实现排序操作。

（1）创建 score.csv 文件。

```
userId,course,score
1,math,99
2,math,70
3,math,50
1,english,90
2,english,70
3,english,60
1,chinese,58
2,chinese,90
3,chinese,75
```

（2）读取 score.csv 文件，创建 DataFrame。

```
//读取 CSV 文件，创建 DataFrame
val df: sql.DataFrame = spark.read.format("csv")
  .option("header", "true")
  .load("./data/score.csv")

//修改列类型
val df2 = df
  .withColumn("score", col("score").cast(IntegerType))
```

（3）按照成绩升序排序。orderBy 方法默认按照升序排序。

```
//按照成绩排序
 val df3 = df2.orderBy("score")
```

（4）查看成绩升序排序结果。

```
//显示数据
df3.show()
+------+-------+-----+
|userId| course|score|
+------+-------+-----+
|     3|   math|   50|
|     1|chinese|   58|
|     3|english|   60|
|     2|   math|   70|
|     2|english|   70|
|     3|chinese|   75|
|     1|english|   90|
|     2|chinese|   90|
|     1|   math|   99|
+------+-------+-----+
```

（5）按照成绩降序排序，即按由高到低进行排序。

```
//按照成绩降序排序
val df4 = df2.orderBy(desc("score"))
```

（6）查看成绩降序排列结果。

```
//显示数据
df4.show()
+------+-------+-----+
|userId| course|score|
+------+-------+-----+
|     1|   math|   99|
|     1|english|   90|
|     2|chinese|   90|
|     3|chinese|   75|
|     2|   math|   70|
|     2|english|   70|
|     3|english|   60|
|     1|chinese|   58|
|     3|   math|   50|
+------+-------+-----+
```

3. 分组聚合

分组聚合操作一般是先对数据进行分组，分组以后对同一组的数据进行聚合，聚合的字段一般是数值类型的。以下案例实现按照用户进行分组并计算用户的平均分的功能。首先通过 groupBy 方法对用户 ID 进行分组，然后使用 avg 方法计算分组后的用户分数的平均分。

具体步骤如下。

(1)读取 score.csv 文件,相关过程不再赘述。

(2)按照 userId 分组计算平均分。

```
val df3 = df2.groupBy("userId").avg("score")
```

(3)显示分组后的平均分。

```
//显示记录
df3.show()
+------+------------------+
|userId|        avg(score)|
+------+------------------+
|     3|61.666666666666664|
|     1| 82.33333333333333|
|     2| 76.66666666666667|
+------+------------------+
```

(4)使用 SQL 语句实现相同的功能。通过对比,可以发现两种实现方法的结果是一样的。

```
//创建临时表
df2.createTempView("t_score")
//执行 SQL 创建 DataFrame
val df4 = spark.sql("select userId,avg(score) from t_score group by userId ")
//显示记录
df4.show()
```

4. 关联表

关联表就是将多个表通过指定的字段连接,构造成一个新的表。可以使用 join 方法将两个 DataFrame 关联到一起,转换为一个新的 DataFrame。以下代码实现了将用户的 DataFrame 和分数的 DataFrame 关联到一起。这里采用内连接的形式,就是将两张表中具有相同 userId 的记录关联到一起。

(1)读取 user2.csv 文件,创建 DataFrame。

```
val df: sql.DataFrame = spark.read.format("csv")
  .option("header", "true")
  .load("./data/user2.csv")
```

(2)读取 score.csv 文件,创建 DataFrame。

```
val df2: sql.DataFrame = spark.read.format("csv")
  .option("header", "true")
  .load("./data/score.csv")
```

(3)使用两个表的 userId 进行关联。

```
val df3 = df2.join(df, Seq("userId", "userId"), "inner")
```

（4）输出 Schema。

```
df2.printSchema()
root
 |-- userId: string (nullable = true)
 |-- userId: string (nullable = true)
 |-- course: string (nullable = true)
 |-- score: string (nullable = true)
 |-- loginName: string (nullable = true)
 |-- mobile: string (nullable = true)
 |-- email: string (nullable = true)
 |-- city: string (nullable = true)
```

（5）显示记录。

```
df2.show()
+------+------+-------+-----+---------+------------+------------+--------+
|userId|userId| course|score|loginName|      mobile|       email|    city|
+------+------+-------+-----+---------+------------+------------+--------+
|     1|     1|chinese|   58|    user1|13100000001|13101@qq.com| beijing|
|     1|     1|english|   90|    user1|13100000001|13101@qq.com| beijing|
|     1|     1|   math|   99|    user1|13100000001|13101@qq.com| beijing|
|     2|     2|chinese|   90|    user2|13100000002|13102@qq.com|shanghai|
|     2|     2|english|   70|    user2|13100000002|13102@qq.com|shanghai|
|     2|     2|   math|   70|    user2|13100000002|13102@qq.com|shanghai|
|     3|     3|chinese|   75|    user3|13100000003|13103@qq.com| beijing|
|     3|     3|english|   60|    user3|13100000003|13103@qq.com| beijing|
|     3|     3|   math|   50|    user3|13100000003|13103@qq.com| beijing|
+------+------+-------+-----+---------+------------+------------+--------+
```

5. Spark SQL 与 Hive 整合

Hive 原生的计算引擎基于 MapReduce，查询性能相对较差，而 Spark 在内存中计算数据，计算性能较高。为了在保留 Hive 的系统架构的前提下优化查询速度，可以采用 Spark SQL 与 Hive 整合的方式进行计算。

（1）通过 SparkSession 的 enableHiveSupport 选项开启 Hive 支持。

```
//获取或创建 SparkSession
val spark = SparkSession.builder()
  .appName("SparkSQLTest17")
  .master("local[*]")
  //开启 Hive 支持
  .enableHiveSupport()
    .getOrCreate()
```

（2）设计 Hive 表 t_user，用于表示用户信息，如表 4-4 所示。

表 4-4 t_user 表设计

字段	类型	说明
user_id	int	用户 ID
loginName	String	用户的登录名
mobile	String	用户手机号
email	String	用户电子邮箱
city	String	用户所在城市

(3) 编写 SQL 语句，创建 t_user 表。

```
spark.sql("CREATE TABLE IF NOT EXISTS t_user (" +
  "userId int" +
  ",loginName String " +
  ",mobile String" +
  ",email String" +
  ",city String)" +
      "ROW FORMAT DELIMITED FIELDS TERMINATED BY ','")
```

(4) 编写 SQL 语句，清除 t_user 表的数据。

```
//清除表 t_user 的数据
spark.sql("TRUNCATE TABLE t_user")
```

(5) 加载数据，将 user.csv 文件的数据加载到 t_user 表中。

```
//加载数据到表 t_user
spark.sql("LOAD DATA LOCAL INPATH './data/user.csv' " +
      "INTO TABLE t_user")
```

(6) 执行 SQL 查询，查询用户的城市为 beijing 的记录。

```
//执行 SQL 语句以创建 DataFrame
val df= spark.sql("select * from t_user where city='beijing' ")
```

(7) 运行程序并显示结果。

```
//显示记录
df.show()
+------+---------+-----------+-------------+-------+
|userId|loginName|     mobile|        email|   city|
+------+---------+-----------+-------------+-------+
|     1|    user1|13100000001|13101@qq.com|beijing|
|     3|    user3|13100000003|13103@qq.com|beijing|
+------+---------+-----------+-------------+-------+
```

项目小结

本项目通过 3 个任务以案例的形式由浅入深地讲解了 Spark SQL 常用 API 的使用方法。本项目主要包括以下内容。

- 使用 Spark SQL 编程的基本流程。
- Spark SQL 常用的数据源的使用方法，主要数据源包括 CSV 文件、JSON 文件和 JDBC 数据源等。
- Spark SQL 内置函数和自定义函数的使用方法。
- 在复杂的应用场景下，使用 Spark SQL 实现关联表、分组集合、排序等操作。
- Spark SQL 与 Hive 进行整合，使用 Spark SQL 对 Hive 中的数据进行分析。

项目拓展

结合本项目所学的案例，使用 DataFrame、Dataset API 和 SQL 方式实现相同的功能，如在任务 3 中针对关联表操作，使用 SQL 方式实现。

思考与练习

理论题

一、选择题（单选）

1. RDD 变量 rdd 转换为 DataFrame 的方法是。（　　）

　（A）rdd.toDF　　　　　　（B）rdd.toDS

　（C）rdd.join　　　　　　　（D）rdd.map

2. DataFrame 变量 df 转换为 RDD 的方法是。（　　）

　（A）df.toRdd　　　　　　（B）df.rdd

　（C）df.collect　　　　　　（D）df.filter

3. Dataset 变量 ds 转换为 DataFrame 的方法是。（　　）

　（A）ds.toDF　　　　　　（B）ds.rdd

（C）ds.filter　　　　　　　（D）ds.map

4．可以计算用户平均分的函数是。（　　）

（A）min　　　　　　　　　（B）max

（C）count　　　　　　　　 （D）avg

5．以下哪个函数可以实现排序操作。（　　）

（A）map　　　　　　　　　（B）groupBy

（C）filter　　　　　　　　　（D）sortBy

二、简答题

1．简述 RDD 和 DataFrame 是如何相互转换的。

2．简述 DataFrame 和 Dataset 之间的关系，以及两者之间是如何相互转换的。

3．现有需求将用户的生日转换为年龄，要求通过自定义函数实现，请简要说明实现过程。

4．简述 Spark SQL 和 Hive 是如何整合的。

实训题

练习本项目基于 Spark SQL 实现的所有案例。

项目 5

电商数据分析系统设计

项目导读

通过前面关于 Spark 基础知识的学习，相信读者已经掌握了 Spark 的基本使用方法。本项目以及后续的几个项目都将围绕电商数据分析系统展开。以国内大型电商平台提供的数据集作为分析对象，讲解电商用户行为分析、电商销售数据分析以及电商订单数据分析的实现方法。本项目主要介绍电商系统的基本需求、电商业务系统的设计方法和电商数据分析的基本流程。

思政目标

- 培养学生勤奋好问、博采广览的工作态度。
- 培养学生勇敢正视困难、不怕吃苦的精神。

- 掌握电商业务系统数据库的设计方法。
- 掌握电商数据分析的基本流程。

任务 1　电商系统设计

【任务描述】

本任务主要介绍设计电商业务系统及订单数据分析的方法。通过本任务的学习和实践，读者可以了解电商系统的基本业务流程，掌握电商系统数据库设计的基本方法，掌握使用 Spark 进行电商数据分析的流程。

【知识链接】

电商系统基本需求

为简化需求，不考虑其他业务流程，如售后服务、评论评价等，只关注最基本的购物流程。主要流程如下。

（1）商户登录电商平台管理系统，上架商品。

（2）用户将选择的商品加入购物车中并下订单，下单后的订单状态为"待付款"。

（3）用户确认选择没有问题后，进行支付，此时，订单状态为"已付款"。

（4）商户对"已付款"的订单进行处理，如果商品库存充足，商户会通知物流公司揽收商品并发货；如果商品库存不足，商户会联系买家更改或取消订单。

（5）物流公司通过物流系统运输商品。用户可以通过物流单号查询商品的运输状态。

（6）当商品到达指定的地点以后，快递人员会通知用户收货。用户签收商品后，订单的状态修改为"已签收"。

（7）第三方担保交易平台会将订单金额支付给商户，交易流程结束。

【任务实施】

电商系统数据库设计

本任务围绕电商的基本流程设计数据表。通过数据库的设计，读者可以深入理解电商系统的业务实体以及业务实体之间的关系。主要涉及用户信息表、商品信息表、订单信息表、订单明细表、支付流水表等。通过使用客户端工具连接 MySQL 数据库进行设计。

在 MySQL 数据库中创建与分析指标相关的数据表，并保存最终的分析结果。

mall_category 表：商品的分类，如表 5-1 所示。

表 5-1 mall_category 表设计

字段	类型	说明
id	int	主键，唯一标识
name	varchar	名称

mall_user 表：用户信息表，存储注册用户的基本信息，如表 5-2 所示。

表 5-2 mall_user 表设计

字段	类型	说明
id	int	主键，唯一标识
login_name	varchar	登录名
nick_name	varchar	用户昵称
passwd	varchar	用户密码
name	varchar	用户姓名
mobile	varchar	手机号
email	varchar	邮箱
head_img	varchar	头像
gender	varchar	性别
create_time	datetime	创建时间

mall_sku 表：存储商品的基本信息，如表 5-3 所示。

表 5-3 mall_sku 表设计

字段	类型	说明
id	int	主键，唯一标识
price	decimal	价格
sku_name	varchar	商品名称
sku_desc	varchar	商品描述
category_id	int	分类 ID
default_img	varchar	默认图片
create_time	datetime	创建时间

mall_order 表：存储订单信息，如表 5-4 所示。

表 5-4 mall_order 表设计

字段	类型	说明
id	int	主键，唯一标识
user_id	int	用户 ID
receiver	varchar	收货人

续表

字段	类型	说明
mobile	varchar	收货人电话
addr	varchar	地址
total_price	decimal	总金额
total_count	int	商品数量
order_status	int	订单状态
pay_type	int	付款方式
order_comment	varchar	订单备注
create_time	datetime	创建时间

mall_order_detail 表：存储订单的详情，如表 5-5 所示。

表 5-5　mall_order_detail 表设计

字段	类型	说明
id	int	主键，唯一标识
order_id	int	订单 ID
sku_id	int	商品 ID
order_price	decimal	订单金额
sku_count	int	商品数量

mall_pay 表：支付表，order_id 字段关联订单表 mall_order 的 id 字段，如表 5-6 所示。

表 5-6　mall_pay 表设计

字段	类型	说明
id	int	主键，唯一标识
order_id	int	订单 ID
user_id	int	用户 ID
total_price	decimal	支付金额
pay_type	varchar	支付方式
pay_time	datetime	支付时间

任务 2　电商数据分析流程

【任务描述】

本任务主要介绍电商系统订单分析的基本方法。通过本任务的学习和实践，读者可以掌握电商系统常用的数据格式，掌握基于 Spark 的电商系统数据分析流程。

【知识链接】

1. 数据格式

在电商系统中，主要的数据格式有存储于关系数据库中的数据、CSV 格式的文本文件以及 JSON 格式的文本文件等。

1）关系数据库

电商系统的业务数据一般存储在关系数据库中。关系数据库设计具有较强的规则约束，数据比较规范。图 5-1 展示了订单表的数据库设计。

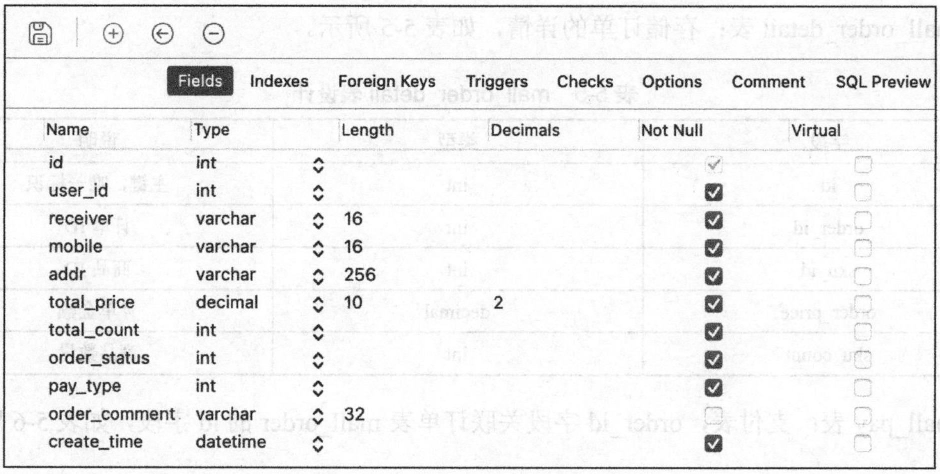

Name	Type	Length	Decimals	Not Null	Virtual
id	int			✓	
user_id	int			✓	
receiver	varchar	16		✓	
mobile	varchar	16		✓	
addr	varchar	256		✓	
total_price	decimal	10	2	✓	
total_count	int			✓	
order_status	int			✓	
pay_type	int			✓	
order_comment	varchar	32			
create_time	datetime			✓	

图 5-1　订单表的数据库设计

2）CSV 数据文件

在电商数据集中，还经常会遇到 CSV 格式的文本数据。一般 CSV 文本文件是从数据库中导出的记录。CSV 格式的主要特点是简单，没有 Schema 的约束，在进行分析时，一般需要进行数据类型的校验。

```
id,create_time,total_price,total_count,pay_type,addr,user_id,receiver,mobile,order_comment
1,2020/2/1 0:14,38,1,weixin,四川省,1,张三,13612345678,订单备注
2,2020/2/1 0:17,38,2,alipay,江苏省,2,张三,13612345679,订单备注
3,2020/2/1 0:33,76,2,weixin,湖北省,3,小明,13612345680,订单备注
4,2020/2/1 0:50,38,1,weixin,贵州省,4,小明,13612345681,订单备注
5,2020/2/1 0:54,152,3,weixin,上海,4,李四,13612345682,订单备注
6,2020/2/1 0:54,38,1,alipay,陕西省,4,李四,13612345683,订单备注
7,2020/2/1 1:22,38,1,alipay,重庆,5,李四,13612345684,订单备注
8,2020/2/1 1:45,114,2,alipay,浙江省,3,王五,13612345685,订单备注
9,2020/2/1 2:03,38,1,alipay,湖南省,6,王五,13612345686,订单备注
```

3）JSON 文件

在电商数据集中，JSON 格式的数据也是非常常见的格式。使用 Spark 对 JSON 数据进行解析，可以直接获取默认的 Shema 信息。

```
{
  "id": 1,
  "order_id": 1,
  "user_id": 1,
  "total_price": 100.00,
  "pay_type": "weixin",
  "pay_time": "2023-01-01 12:00:00"
}
```

2. 数据分析指标

电商系统有很多基于不同维度的分析指标，主要有 PV、UV、活跃用户数等。本书后续项目在讲解案例时还会介绍更多的分析指标，这里只对常见的分析指标进行说明。

- PV（Page View，页面访问数）：即页面浏览量，用户对网站的每一次访问，都记录一次 PV。用户在一个统计时间周期内对同一页面的多次访问，PV 数量会累加多次。
- UV（Unique Visitor，独立访客数）：指访问网站的不重复用户数。如果用户在一个统计时间周期内（如 1 天之内）的多次访问的记录会进行去重处理，即 1 天内同一个用户无论访问多少次，都记录一次 UV。
- 活跃用户数：不同电商系统对"活跃"行为的定义各不相同。有的系统将会员下单行为定义为"活跃"，有的系统将会员浏览商品行为定义为"活跃"。具有"活跃"行为的会员的数量称为活跃用户数。
- 网站成交额（Gross Merchandise Volume，GMV）：电商系统的成交金额是指只要用户下订单生成了订单号，无论订单最终是否成交，订单金额都可以计算在 GMV 中。通俗来说，GMV 就是订单金额的汇总，其中包含已付款和未付款的部分。

【任务实施】

1. 创建数据文件

数据源为 mall_order.csv 文件，表示电商系统中的订单数据。

```
id,create_time,total_price,total_count,pay_type,addr,user_id,receiver,mobile,order_comment
1,2020/2/1 0:14,38,1,weixin,四川省,1,张三,13612345678,订单备注
2,2020/2/1 0:17,38,2,alipay,江苏省,2,张三,13612345679,订单备注
3,2020/2/1 0:33,76,2,weixin,湖北省,3,小明,13612345680,订单备注
```

```
4,2020/2/1 0:50,38,1,weixin,贵州省,4,小明,13612345681,订单备注
5,2020/2/1 0:54,152,3,weixin,上海,4,李四,13612345682,订单备注
6,2020/2/1 0:54,38,1,alipay,陕西省,4,李四,13612345683,订单备注
7,2020/2/1 1:22,38,1,alipay,重庆,5,李四,13612345684,订单备注
8,2020/2/1 1:45,114,2,alipay,浙江省,3,王五,13612345685,订单备注
9,2020/2/1 2:03,38,1,other,湖南省,6,王五,13612345686,订单备注
```

2. 读取 CSV 文件内容，创建 DataFrame

```
//CSV 数据源路径
val path = "./data/mall_order.csv"
//读取 CSV 文件，创建 DataFrame
val df = spark.read.format("csv")
  .option("header", "true")
  .load(path)

//创建临时表
df.createTempView("mall_order")
```

3. 数据分析

（1）使用 sum 函数对订单金额进行汇总。

```
df.createTempView("mall_order")
//总订单金额
val df2 = spark.sql("select sum(total_price) as total_order_price " +
    "from mall_order")
```

（2）按照订单支付方式进行分组，统计使用每种支付方式的订单金额。

```
//按照支付方式统计
val df3 = spark.sql("select sum(total_price) as total_order_price," +
  "pay_type " +
  "from mall_order " +
  "group by pay_type"
)
```

4. 将聚合结果保存到数据库中

将按照订单支付方式聚合的结果保存到数据库中。

（1）在 MySQL 数据库中创建一个数据表 mall_pay_type，如图 5-2 所示。

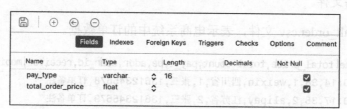

图 5-2　mall_pay_type 表设计

（2）将按照支付方式聚合的结果写入数据库。

```
//写入数据库
df3.write.mode("overwrite")
  .format("jdbc")
  .option("url", "jdbc:mysql://localhost:3306/spark_project?useSSL=false")
  .option("driver", "com.mysql.jdbc.Driver")
  .option("dbtable", "mall_pay_type")
  .option("user", "root")
  .option("password", "root123456")
  .save()
```

（3）在 MySQL 数据库中查询结果，如图 5-3 所示。

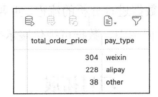

图 5-3　mall_pay_type 表数据

5. 数据可视化

为了更直观地表现分析结果，可以对 mall_pay_type 表的数据进行可视化展示。项目 9 将讲解基于 Superset 实现数据可视化的方法，饼图示例如图 5-4 所示，柱形图示例如图 5-5 所示。

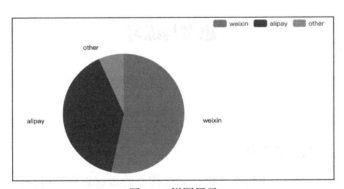

图 5-4　饼图展示

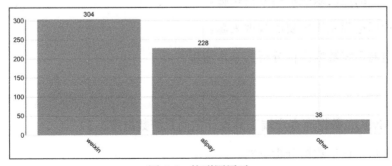

图 5-5　柱形图展示

项目小结

本项目通过 2 个任务讲解了电商系统的设计及分析流程，为后续对电商数据进行更深入的分析打下基础。本项目主要包括以下内容。

- 电商系统的基本业务流程。
- 电商系统的基本数据库设计。核心的数据表主要包括商品表、订单表、支付表等。
- 基于不同维度对电商系统进行数据分析，常用的分析指标主要有 PV、UV、活跃用户数、网站成交额等。
- 基于 Spark 对电商系统的数据进行分析的流程，主要包括读取数据源、对数据进行分析、将分析结果保存到数据库中、数据可视化展示等。

项目拓展

在本项目讲解的数据库业务系统设计的基础上，完善电商业务系统的数据库设计，可以增加相应的数据表，如电商系统中与售后服务相关的业务流程。通过业务系统设计，深入理解电商系统的业务需求。

思考与练习

理论题

简答题

1. 简述电商系统的业务流程。
2. 简述如何设计一个电商业务系统，并对核心的数据表进行设计。
3. 列举常用的电商系统数据分析指标。
4. 举例说明电商系统主要的数据来源。
5. 简述电商系统数据指标分析的基本流程。

实训题

1. 使用 MySQL 数据库客户端工具设计电商系统数据库。
2. 练习本项目订单数据分析案例。

项目 6

电商用户行为分析

通过前面对基础知识的学习,相信读者已经掌握了使用 Spark 处理数据的基本知识,为了将所学的知识融会贯通,本项目将以国内某大型电商 APP 系统提供的用户行为数据作为分析对象,讲解电商用户行为分析的基本指标以及分析过程,主要包括用户访问量分析、用户购买行为分析及各阶段转化率分析等。

思政目标

- 培养学生创新精神和善于解决问题的实践能力。
- 培养学生正确认知、善于反思的能力。

教学目标

- 掌握电商用户行为分析的方法。
- 掌握电商用户访问量的分析方法。
- 掌握电商用户购买行为的分析方法。
- 掌握电商用户行为各阶段转化率的分析方法。

任务 1　数据说明及预处理

【任务描述】

本任务主要介绍如何对电商用户行为分析数据集进行预处理。通过本任务的学习和实践，读者可以了解电商用户行为分析数据集的基本信息，了解电商用户行为分析的主要指标，掌握电商用户行为分析数据集预处理的方法。

【知识链接】

1. 数据说明

本项目采用的电商用户行为分析数据集共有 1200 多万条数据，以 CSV 文件的形式进行存储。该数据集是国内某大型电商 APP 系统在 2014 年 11 月至 2014 年 12 月公开的部分用户行为数据，共 6 列字段，分别是 user_id（用户 ID）、item_id（商品 ID）、behavior_type（用户行为类型）、user_geohash（用户地理位置）、item_category（商品所属分类）和 time（用户行为发生的时间），如表 6-1 所示。

表 6-1　数据字段说明

字段名称	说明
user_id	用户 ID
item_id	商品 ID
behavior_type	用户行为类型，包含浏览商品、收藏商品、加购物车、支付商品 4 种行为，分别用数字 1、2、3、4 表示
user_geohash	用户地理位置，为保护隐私，已经做了 Hash 处理，该字段可以为空
item_category	商品所属分类
time	用户行为发生的时间，格式为：年-月-日 时

以下是部分样本数据。

```
user_id,item_id,behavior_type,user_geohash,item_category,time
98047837,232431562,1,,4245,2014-12-06 02
97726136,383583590,1,,5894,2014-12-09 20
98607707,64749712,1,,2883,2014-12-18 11
98662432,320593836,1,96nn52n,6562,2014-12-06 10
98145908,290208520,1,,13926,2014-12-16 21
93784494,337869048,1,,3979,2014-12-03 20
94832743,105749725,1,,9559,2014-12-13 20
95290487,76866650,1,,10875,2014-11-27 16
96610296,161166643,1,,3064,2014-12-11 23
100684618,21751142,3,,2158,2014-12-05 23
100509623,266020206,3,tfvomgk,4923,2014-12-08 17
```

2. 分析指标

电商用户行为数据常用的分析指标主要有每日成交量、成交率、复购率和转化率等。下面对这些指标进行详细说明。

- 每日成交量：每天发生购买行为的日志数量，本项目的成交是指用户成功支付。
- 成交率：在指定的时间段内成交的用户数与活跃用户数的比率。简单来说，就是登录系统的用户有多大比例购买了商品。
- 复购率：用户重复购买商品的次数占所有交易次数的比率。复购率能够反映用户对商品的忠诚度，比率越高忠诚度越高，反之则越低。本项目定义的复购指的是用户购买行为超过 2 次。
- 转化率：电商系统用户的行为主要有浏览商品、收藏商品、加购物车、支付商品这几个阶段，这几个阶段之间的转化率反映了用户购买商品的意向程度，如浏览商品到收藏商品的转化率说明了浏览商品的行为有多大比例转化为收藏商品的行为。

3. 数据处理流程

在了解基本的分析指标后，下面说明如何实现这些指标的分析。数据处理的流程一般分为数据加载、获取数据基本信息、数据预处理和数据指标分析等阶段。

- 数据加载：加载数据的过程就是将数据加载到系统内存中进行分析，当数据量非常大时，需要对数据进行分阶段加载。因为本项目涉及的数据集文件是 500MB 左右，所以可以直接加载到系统内存中。
- 获取数据基本信息：通过获取数据的基本信息对待分析的数据集有个初步认识，如数据量、数据字段的类型、数据的范围以及数据中的最大值、最小值、平均值等。
- 数据预处理：在数据采集的过程中，由于种种原因，数据集常常不是完美的。需要验证数据中是否存在重复数据，是否需要去重处理；数据中是否存在缺失值，是否需要对缺失值进行处理；数据中是否存在异常值，是否需要对异常值进行处理。
- 数据指标分析：主要对涉及的电商用户行为分析指标进行分析。这是本项目的重点内容。

【任务实施】

1. 加载数据

结合前面几个项目所学的基础知识，可以直接使用 SparkSession 实例的 read 方法从文件中读取 CSV 格式的数据。因为数据文件中的第 1 行是头信息，表示字段的名称，所以需要在读取时设置 header 为 true，将第 1 行数据作为头信息处理。

```
//获取SparkSession
val spark = SparkSession.builder()
```

```
        .appName("UserBehavior1")
        .master("local[*]")
        .getOrCreate()
//CSV 数据源路径
val path = "./data/user_behavior.csv"
//读取 CSV 文件,创建 DataFrame
val df: sql.DataFrame = spark.read.format("csv")
        .option("header", "true")
        .load(path)
```

加载数据完成后,创建 DataFrame。可以通过 printSchema 方法查看数据列的信息。

```
//输出 Schema
df.printSchema()
root
 |-- user_id: string (nullable = true)
 |-- item_id: string (nullable = true)
 |-- behavior_type: string (nullable = true)
 |-- user_geohash: string (nullable = true)
 |-- item_category: string (nullable = true)
 |-- time: string (nullable = true)
```

使用 DataFrame 的 count 方法可以查看记录数量。可以看到,原始数据包含 1200 多万条记录。使用 show 方法查看部分数据。

```
//原始数据量
println("原始数据量:" + df.count())
    //显示记录
df.show(5)
```

以下显示 5 条记录。可以观察到,user_geohash 字段存在为 null 的数据,也就是存在缺失值。

```
+--------+---------+-------------+------------+-------------+--------------+
| user_id|  item_id|behavior_type|user_geohash|item_category|          time|
+--------+---------+-------------+------------+-------------+--------------+
|98047837|232431562|            1|        null|         4245|2014-12-06 02|
|97726136|383583590|            1|        null|         5894|2014-12-09 20|
|98607707| 64749712|            1|        null|         2883|2014-12-18 11|
|98662432|320593836|            1|     96nn52n|         6562|2014-12-06 10|
|98145908|290208520|            1|        null|        13926|2014-12-16 21|
+--------+---------+-------------+------------+-------------+--------------+
```

2. 过滤字段

在本项目的数据集中,user_geohash 列表示用户地理位置,由于真实的用户地理位置可能会泄露用户的隐私,因此对该列数据进行脱敏处理。脱敏后的数据没有办法对用户地理位置进行分析,因此,可以直接去掉这一列。以下程序使用 DataFrame 的 select 方法只将有用的列转换为新的 DataFrame。可以通过 printSchema 查看过滤后的列信息。

```
//去掉 user_geohash 列
val df2 = df.select(col("user_id"), col("item_id"), col("item_category"), col("behavior
_type"), col("time"))
//输出 Schema
df2.printSchema()
root
 |-- user_id: string (nullable = true)
 |-- item_id: string (nullable = true)
 |-- item_category: string (nullable = true)
 |-- behavior_type: string (nullable = true)
 |-- time: string (nullable = true)
```

3. 数据去重

一般在数据采集的过程中，可能会存在数据重复的情况。重复数据会影响分析指标的准确性。通过调用 DataFrame 的 distinct 方法可以实现数据的去重。在本数据集中，去掉重复数据后的数据是 621 万条左右。

```
//去掉重复数据
val df3 = df2.distinct()
println("去重后数据量:" + df3.count())
```

4. 时间处理

在本数据集中，time 字段表示用户行为发生的时间，时间格式是"年-月-日 时"。例如，"2014-12-06 02"表示 2014 年 12 月 6 日 2 时。读者可能会有这样的经验，用户浏览电商网站购买商品的行为一般发生在指定的时间段，比如，在工作时间或者晚上休息的时间访问电商网站的概率比较小，以小时为时间范围进行分析可以获取电商用户行为的规律。为了使用小时进行分析就需要增加一个小时字段，原数据集中没有这个字段，但是可以通过 time 字段转换获取到这个字段。首先将 time 字段进行拆分，并转换为数组形式，即将"年-月-日 时"的数据形式转换为一个数组，数组的第 1 个元素是"年-月-日"，第 2 个元素是"时"。通过 split 方法按照空格进行拆分，将"年-月-日 时"形式的数据转换为数组形式。time 字段拆分完成以后，可以使用 printSchema 方法查看最新的列信息。可以通过 show 方法查看 time 列拆分后的部分数据。

```
//增加一个拆分的列，拆分 time 列
val df4 = df3.withColumn("split_time", functions.split(col("time"), " "))
//输出 Schema
df4.printSchema()
root
 |-- user_id: string (nullable = true)
 |-- item_id: string (nullable = true)
 |-- item_category: string (nullable = true)
 |-- behavior_type: string (nullable = true)
 |-- time: string (nullable = true)
 |-- split_time: array (nullable = true)
 |    |-- element: string (containsNull = true)
```

```
//显示记录
df4.show(5)
```

拆分后的部分数据如下。

```
+---------+---------+-------------+-------------+----------------+-----------------+
| user_id |  item_id|item_category|behavior_type|            time|       split_time|
+---------+---------+-------------+-------------+----------------+-----------------+
|101781721| 93414323|         1863|            1|2014-12-12 11   |[2014-12-12, 11] |
|104221274|253033273|         5399|            1|2014-12-01 20   |[2014-12-01, 20] |
|100684618|334990998|         5399|            1|2014-12-11 23   |[2014-12-11, 23] |
|103582986| 24337751|         5894|            1|2014-11-21 20   |[2014-11-21, 20] |
|100684618|271054655|         5623|            1|2014-12-08 22   |[2014-12-08, 22] |
+---------+---------+-------------+-------------+----------------+-----------------+
```

通过上一步操作增加了字段 split_time，这个字段是数组类型。数组的第 1 个元素是日期，第 2 个元素是小时。从数组中获取元素构成新的字段，分别是 time_date（日期）和 time_hour（小时）。可以通过查看新的列信息和数据进行验证。

```
//时间拆分成 2 列
val df5 = df4.select(col("user_id"), col("item_id"), col("item_category"), col("behavior_type"), col("split_time").getItem(0).as("time_date"), col("split_time").getItem(1).as("time_hour"))
//输出 Schema
df5.printSchema()
//显示记录
df5.show(5)
```

新的列信息和数据如下。

```
root
 |-- user_id: string (nullable = true)
 |-- item_id: string (nullable = true)
 |-- item_category: string (nullable = true)
 |-- behavior_type: string (nullable = true)
 |-- time_date: string (nullable = true)
 |-- time_hour: string (nullable = true)

+---------+---------+-------------+-------------+----------+---------+
| user_id |  item_id|item_category|behavior_type| time_date|time_hour|
+---------+---------+-------------+-------------+----------+---------+
|101781721| 93414323|         1863|            1|2014-12-12|       11|
|104221274|253033273|         5399|            1|2014-12-01|       20|
|100684618|334990998|         5399|            1|2014-12-11|       23|
|103582986| 24337751|         5894|            1|2014-11-21|       20|
|100684618|271054655|         5623|            1|2014-12-08|       22|
+---------+---------+-------------+-------------+----------+---------+
```

5. 保存结果

为方便对预处理完成后的数据集进行后续分析，可以将预处理的结果保存到文件系统中，保存文件采用 CSV 文件格式，可以使用 DataFrame 的 write 方法实现。

```
//保存处理后的数据
df5.coalesce(1)
  .write
  .format("csv")
  .mode("overwrite")
  .option("header", "true")
  .save("./output/user_behavior")
```

保存完成后，可以在指定的文件夹下查看预处理后的数据，如图 6-1 所示。

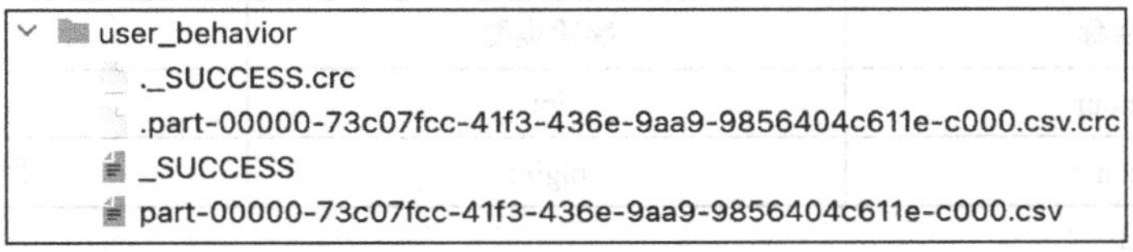

图 6-1　输出的 CSV 文件

任务 2　用户访问量分析

【任务描述】

本任务主要介绍如何对电商用户的访问量进行分析。通过本任务的学习和实践，读者可以掌握与用户访问量相关的常用分析指标，掌握针对用户访问量分析的基本流程。

【任务实施】

1. 数据表设计

在 MySQL 数据库中创建与分析指标相关的数据表，并保存最终的分析结果。

ub_pv 表：每日 PV 统计信息，如表 6-2 所示。

表 6-2　ub_pv 表设计

字段名称	字段类型	说明
time_date	varchar	日期
user_count	bigint	用户数量

ub_pv_hour 表：每小时 PV 统计信息，如表 6-3 所示。

表 6-3　ub_pv_hour 表设计

字段名称	字段类型	说明
time_hour	int	小时
user_count	bigint	用户数量

ub_uv 表：每日 UV 统计信息，如表 6-4 所示。

表 6-4 ub_uv 表设计

字段名称	字段类型	说明
time_date	varchar	日期
user_count	bigint	用户数量

ub_uv_hour 表：每小时 UV 统计信息，如表 6-5 所示。

表 6-5 ub_uv_hour 表设计

字段名称	字段类型	说明
time_hour	int	小时
user_count	bigint	用户数量

2. 加载数据

在任务 1 中完成数据预处理以后，本任务将对用户访问量指标进行分析。首先加载数据到系统内存中，这个过程和任务 1 介绍的加载数据方法是一样的，不同的是，本次加载的数据来源于任务 1 中预处理以后的 CSV 文件，而不是原始的 CSV 文件。为了方便使用 Spark SQL 进行数据分析，将数据集注册为临时表。

```
//CSV 数据源
val path = "./output/user_behavior/"
//读取数据
val df = spark.read.format("csv")
  .option("header", "true")
  .load(path)
//创建临时表
df.createTempView("user_behavior")
```

3. 数据分析

1）每日 PV 统计

编写 SQL 语句按照 time_date（用户行为日期）字段进行分组，统计每一组的用户数量，可以通过 DataFrame 的 show 方法查看部分分析结果，最终的分析结果可以写入 MySQL 数据库的 ub_pv 表中。

```
//统计每天 PV
val df2 = spark.sql("select time_date,count(user_id) as user_count " +
  "from user_behavior " +
  "group by time_date")
//显示记录
df2.show(5)

//写入数据库
df2.write.mode("overwrite")
  .format("jdbc")
```

```
    .option("url", "jdbc:mysql://localhost:3306/spark_project?useSSL=false")
    .option("driver", "com.mysql.jdbc.Driver")
    .option("dbtable", "ub_pv") //表名
    .option("user", "root")
    .option("password", "root123456")
    .save()
```

部分分析结果如下。

```
+----------+----------+
|time_date |user_count|
+----------+----------+
|2014-12-13|      6776|
|2014-12-11|      6894|
|2014-12-05|      6367|
|2014-11-27|      6359|
|2014-11-19|      6420|
+----------+----------+
```

2）每小时 PV 统计

每小时 PV 的分析方法和每日 PV 的分析方法是一样的，只是时间粒度变成了小时，分组的字段为 time_hour，最终的分析结果可以写入 MySQL 数据库的 ub_pv_hour 表中。

```
//统计每小时PV
val df3 = spark.sql("select time_hour,count(user_id) as user_count " +
  "from user_behavior " +
  "group by time_hour")
//显示记录
df3.show(5)
//保存到数据库
df3.write.mode("overwrite")
  .format("jdbc")
  .option("url", "jdbc:mysql://localhost:3306/spark_project?useSSL=false")
  .option("driver", "com.mysql.jdbc.Driver")
  .option("dbtable", "ub_pv_hour")
  .option("user", "root")
  .option("password", "root123456")
  .save()
```

部分分析结果如下。

```
+---------+----------+
|time_hour|user_count|
+---------+----------+
|       07|    146054|
|       15|    303694|
|       11|    267917|
|       01|    138190|
|       22|    552227|
+---------+----------+
```

3）每日 UV 统计

每日 UV 的分析方法和每日 PV 的分析方法基本上是一样的，都是按照 time_date 字段进行分组，不同的是，对于同一天的用户行为数据，UV 需要对数据进行去重处理，使用 distinct(user_id)方法可以对用户 ID 进行去重处理，多个用户 ID 相同的记录只计算 1 次，最终的分析结果可以写入 MySQL 数据库的 ub_uv 表中。

```
//统计每日UV
val df4 = spark.sql("select time_date,count(distinct(user_id)) as user_count " +
  "from user_behavior " +
  "group by time_date")
//显示记录
df4.show(5)
//保存到数据库
df4.write.mode("overwrite")
  .format("jdbc")
  .option("url", "jdbc:mysql://localhost:3306/spark_project?useSSL=false")
  .option("driver", "com.mysql.jdbc.Driver")
  .option("dbtable", "ub_uv")
  .option("user", "root")
  .option("password", "root123456")
  .save()
```

部分分析结果如下。

```
+----------+----------+
| time_date|user_count|
+----------+----------+
|2014-12-13|      6776|
|2014-12-11|      6894|
|2014-12-05|      6367|
|2014-11-27|      6359|
|2014-11-19|      6420|
+----------+----------+
```

4）每小时 UV 统计

每小时 UV 的分析方法和每日 UV 的分析方法是一样的，只是时间粒度变成了小时，分组的字段为 time_hour，最终的分析结果可以写入 MySQL 数据库的 ub_uv_hour 表中。

```
//统计每小时UV
 val df5 = spark.sql("select time_hour,count(distinct(user_id)) as user_count " +
  "from user_behavior " +
  "group by time_hour")
//显示记录
df5.show(5)
//保存到数据库
df5.write.mode("overwrite")
```

```
.format("jdbc")
.option("url", "jdbc:mysql://localhost:3306/spark_project?useSSL=false")
.option("driver", "com.mysql.jdbc.Driver")
.option("dbtable", "ub_uv_hour")
.option("user", "root")
.option("password", "root123456")
.save()
```

部分分析结果如下。

```
+---------+----------+
|time_hour|user_count|
+---------+----------+
|       07|      5722|
|       15|      8257|
|       11|      8239|
|       01|      3780|
|       22|      8599|
+---------+----------+
```

4. 查看结果

上述数据分析的结果均已写入 MySQL 数据库中,可以使用 MySQL 数据客户端连接工具(如 Navicat)连接数据库并查看最终的分析结果。以查询每日 PV 统计结果为例,执行 SQL 语句进行查询,结果如图 6-2 所示。

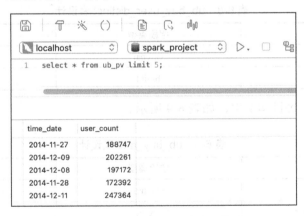

图 6-2 使用 Navicat 查询分析结果

任务 3　用户购买行为分析

【任务描述】

本任务主要介绍如何对电商用户的购买行为进行分析。通过本任务的学习和实践,读者可以掌握与用户购买行为相关的常用分析指标,掌握针对用户购买行为分析的基本流程。

【任务实施】

1. 数据表设计

在 MySQL 数据库中创建与分析指标相关的数据表,并保存最终的分析结果。

ub_buy_user 表:每日成交量,如表 6-6 所示。

表 6-6 ub_buy_user 表设计

字段名称	字段类型	说明
time_date	varchar	日期
user_count	bigint	用户数量

ub_active_user 表:每日活跃用户数,如表 6-7 所示。

表 6-7 ub_active_user 表设计

字段名称	字段类型	说明
time_date	varchar	日期
user_count	bigint	用户数量

ub_buy_user_distinct 表:每日消费用户数,如表 6-8 所示。

表 6-8 ub_buy_user_distinct 表设计

字段名称	字段类型	说明
time_date	varchar	日期
user_count	bigint	用户数量

ub_buy_rate 表:每日购买率,如表 6-9 所示。

表 6-9 ub_buy_rate 表设计

字段名称	字段类型	说明
time_date	varchar	日期
active_user_count	bigint	活跃用户数量
buy_user_count	bigint	购买用户数量
buy_rate	float	购买率

2. 数据分析

1)每日成交量

由于是在已经购买的数据中进行分析,因此需要进行数据筛选,只查询用户行为类型为"购买"的数据。筛选数据后,按照 time_date 字段进行分组,统计每一组的用户数量,通过 DataFrame 的 show 方法查看部分分析结果,最终的分析结果可以写入 MySQL 数据库的 ub_buy_user 表中。

```
//每日成交量
val df2 = spark.sql("select time_date,count(user_id) as user_count " +
  "from user_behavior " +
  "where behavior_type=4 " +
  "group by time_date " +
  "order by user_count desc")
//显示记录
df2.show(5)
//写入数据库
df2.write.mode("overwrite")
  .format("jdbc")
  .option("url", "jdbc:mysql://localhost:3306/spark_project?useSSL=false")
  .option("driver", "com.mysql.jdbc.Driver")
  .option("dbtable", "ub_buy_user")
  .option("user", "root")
  .option("password", "root123456")
  .save()
```

部分分析结果如下。

```
+----------+----------+
|time_date |user_count|
+----------+----------+
|2014-12-12|     13866|
|2014-12-03|      3441|
|2014-12-01|      3427|
|2014-12-16|      3353|
|2014-11-18|      3324|
+----------+----------+
```

2）每日活跃用户数

在本数据集的分析中，无论用户是浏览商品、收藏商品还是加购物车、支付商品，只要发生其中一种行为，就定义为活跃用户。用户在一天内的行为不重复计数，也就是说，在一天内，无论用户浏览了多次商品、收藏了多个商品，活跃用户数都计算 1 次。实现方法是，按照 time_date 字段进行分组，统计每一组的用户数量，针对同组的用户行为数据，使用 distinct(user_id)进行去重，最后可以通过 DataFrame 的 show 方法查看部分分析结果，最终的分析结果可以写入 MySQL 数据库的 ub_active_user 表中。

```
//每日活跃用户数
val df3 = spark.sql("select time_date,count(distinct(user_id)) as user_count " +
  "from user_behavior " +
  "group by time_date " +
  "order by user_count desc")
//显示记录
df3.show(5)
```

```
//写入数据库
df3.write.mode("overwrite")
  .format("jdbc")
  .option("url", "jdbc:mysql://localhost:3306/spark_project?useSSL=false")
  .option("driver", "com.mysql.jdbc.Driver")
  .option("dbtable", "ub_active_user")
  .option("user", "root")
  .option("password", "root123456")
  .save()
```

部分分析结果如下。

```
+----------+----------+
| time_date|user_count|
+----------+----------+
|2014-12-12|      7720|
|2014-12-11|      6894|
|2014-12-15|      6787|
|2014-12-13|      6776|
|2014-12-16|      6729|
+----------+----------+
```

3）每日消费用户数

每天发生了购买行为的用户数量。用户在一天内的购买行为不重复计数，也就是说，在一天内，即使用户购买了多次商品，每日消费用户数都计算 1 次。实现方法是，首先按照用户行为类型进行数据过滤，只保留购买行为的数据，然后按照 time_date 字段进行分组，统计每一组的用户数量，针对同组的用户行为数据，使用 distinct(user_id)进行去重，最后可以通过 DataFrame 的 show 方法查看部分分析结果，最终的分析结果可以写入 MySQL 数据库的 ub_buy_user_distinct 表中。

```
//每日消费用户数
val df4 = spark.sql("select time_date,count(distinct(user_id)) as user_count " +
  "from user_behavior where behavior_type=4 " +
  "group by time_date " +
  "order by user_count desc")
//显示记录
df4.show(5)
//写入数据库
df4.write.mode("overwrite")
  .format("jdbc")
  .option("url", "jdbc:mysql://localhost:3306/spark_project?useSSL=false")
  .option("driver", "com.mysql.jdbc.Driver")
  .option("dbtable", "ub_buy_user_distinct")
  .option("user", "root")
  .option("password", "root123456")
  .save()
```

部分分析结果如下。

```
+----------+----------+
|time_date|user_count|
+----------+----------+
|2014-12-12|      3897|
|2014-12-03|      1697|
|2014-12-01|      1657|
|2014-12-16|      1650|
|2014-12-15|      1627|
+----------+----------+
```

4）成交率

在以上指标都已经理解的前提下，成交率非常容易理解。成交率指的是消费用户数与活跃用户数的比值，可以通过关联表的形式将消费用户数据与活跃用户数据通过日期进行关联，然后计算成交率。最终的分析结果可以写入 MySQL 数据库的 ub_buy_rate 表中。

```
//创建临时表
df3.createTempView("user_behavior_active_user")
df4.createTempView("user_behavior_buy_user")
//成交率
val df5 = spark.sql("select a.time_date,a.user_count as active_user_count," +
  "b.user_count as buy_user_count,b.user_count/a.user_count as buy_rate " +
  "from user_behavior_active_user a " +
  "left join user_behavior_buy_user b " +
  "on a.time_date=b.time_date " +
  "order by buy_rate desc")
//显示记录
df5.show(5)
//写入数据库
df4.write.mode("overwrite")
  .format("jdbc")
  .option("url", "jdbc:mysql://localhost:3306/spark_project?useSSL=false")
  .option("driver", "com.mysql.jdbc.Driver")
  .option("dbtable", "ub_buy_rate")
  .option("user", "root")
  .option("password", "root123456")
  .save()
```

部分分析数据如下。

```
+----------+-----------------+--------------+-------------------+
|time_date|active_user_count|buy_user_count|           buy_rate|
+----------+-----------------+--------------+-------------------+
|2014-12-12|             7720|          3897| 0.5047927461139896|
|2014-12-03|             6585|          1697| 0.2577069096431283|
|2014-12-01|             6544|          1657| 0.2532090464547677|
|2014-12-16|             6729|          1650|0.24520731163620152|
|2014-12-04|             6531|          1585|0.24268871535752565|
+----------+-----------------+--------------+-------------------+
```

5）复购率

购买商品数量超过 2 次的用户占所有购买过商品用户的比值。首先对用户行为数据进行过滤，查询出有购买行为的用户，然后按照用户进行分组，统计每个用户购买的商品数量。最后根据商品数量进行判断，如果超过 2 次，就是复购行为。运行程序并查看结果。可以发现，复购率大概是 0.83，也就是说，大约 83%的用户选择了多次购买商品，这说明用户的忠诚度还是比较高的。

```
//用户购买商品次数
val df6 = spark.sql("select user_id,count(item_id) as item_count " +
  "from user_behavior " +
  "where behavior_type=4 " +
  "group by user_id " +
  "order by item_count desc")
//超过 2 次的记录
val df7 = df6.where("item_count>2")
//复购率
val repurchaseRate = df7.count.toFloat / df6.count.toFloat
println("repurchaseRate:" + repurchaseRate)
```

3. 查看结果

数据分析的操作步骤与任务 2 的相类似，在此不再赘述。以用户购买率为例，执行以下 SQL 语句查询购买率最高的 5 天。

```
select * from ub_buy_rate order by buy_rate desc limit 5;
```

查询结果如图 6-3 所示，购买率最高的是 12 月 12 日，购买率超过 50%，远超第 2 名的 25%。这很好理解，众所周知，在电商业务中，除了双十一购物节以外，双十二购物节也是一个非常重要的节日，商家的折扣力度都非常大，因此购买率也会相应增加。

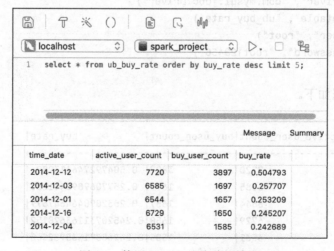

图 6-3 使用 Navicat 查询分析结果

任务 4 转化率分析

【任务描述】

本任务主要介绍如何对与电商系统转化率相关的指标进行分析。通过本任务的学习和实践，读者可以掌握电商系统中的转化率等分析指标，掌握电商系统中转化率等指标的分析方法。

【任务实施】

在电商用户行为分析中，可以对用户购买商品的意向进行分析，比如，加购物车到支付商品的转化率说明了已经将商品加入购物车的用户有多大的意愿购买商品。通过各阶段行为的转化率分析，可以了解电商系统在设计上是否存在不完善的地方，比如，加购物车到支付商品的转化率过低，是否意味着商品支付的过程比较烦琐，很多用户最终放弃了支付。主要实现步骤如下。

1. 数据表设计

在 MySQL 数据库中创建与分析指标相关的数据表，并保存最终的分析结果。

ub_behavior_count 表：用户行为数量，如表 6-10 所示。

表 6-10 ub_behavior_count 表设计

字段名称	字段类型	说明
behavior_type	int	行为类型（1：浏览；2：收藏；3：加购物车；4：购买）
behavior_type_name	varchar	行为类型名称（Visit：浏览；Favor：收藏；AddCart：加购物车；Buy：购买）
user_count	bigint	用户数量

2. 数据分析

1）用户行为数量

按照用户行为进行分组，统计数据集中每种用户行为的数量，最终的分析结果可以写入 MySQL 数据库的 ub_behavior_count 表中。

```
//用户行为数量
val df2 = spark.sql("select behavior_type,count(user_id) as user_count " +
  "from user_behavior " +
  "group by behavior_type " +
  "order by behavior_type")
val df3 = df2.withColumn("behavior_type_name",
  when(df2("behavior_type") === "1", "Visit")
```

```
            .when(df2("behavior_type") === "2", "Favor")
            .when(df2("behavior_type") === "3", "AddCart")
            .when(df2("behavior_type") === "4", "Buy")
)
//显示数据
df3.show()
//写入数据库
df3.write.mode("overwrite")
    .format("jdbc")
    .option("url", "jdbc:mysql://localhost:3306/spark_project?useSSL=false")
    .option("driver", "com.mysql.jdbc.Driver")
    .option("dbtable", "ub_behavior_count")
    .option("user", "root")
    .option("password", "root123456")
    .save()
```

部分分析结果如下。

```
+-------------+----------+
|behavior_type|user_count|
+-------------+----------+
|            1|   5535879|
|            2|    239472|
|            3|    331350|
|            4|    106678|
+-------------+----------+
```

2）转化率

电商用户行为的转化率，一般是指用户行为中一个环节数量与接下来的几个环节数量的比值。以浏览单击商品行为为例，可以计算浏览单击商品行为有多大的概率转化为收藏商品、加购物车和支付商品的行为。

```
//用户访问数量
val visitCount = df2.where("behavior_type=1").select("user_count").collect()(0).getLong(0)
//收藏商品数量
val favorCount = df2.where("behavior_type=2").select("user_count").collect()(0).getLong(0)
//加购物车数量
val cartCount = df2.where("behavior_type=3").select("user_count").collect()(0).getLong(0)
//支付商品数量
val buyCount = df2.where("behavior_type=4").select("user_count").collect()(0).getLong(0)
//单击->收藏商品转化率
val visitFavor = favorCount.toFloat / visitCount.toFloat * 100
//单击->加购物车转化率
val visitCart = cartCount.toFloat / visitCount.toFloat * 100
//单击->支付商品转化率
val visitBuy = buyCount.toFloat / visitCount.toFloat * 100
```

```
//收藏商品+加购物车->购买转化率
val favorCartBuy = buyCount.toFloat / (favorCount + cartCount).toFloat * 100
println("单击->收藏商品转化率:", visitFavor+"%")
println("单击->加购物车转化率:", visitCart+"%")
println("单击->支付商品转化率:", visitBuy+"%")
println("收藏商品+加购物车->支付商品转化率:", favorCartBuy+"%")
```

运行程序并在集成开发环境的控制台中查看结果。输出结果如下。

(单击->收藏商品转化率:,4.325817%)
(单击->加购物车转化率:,5.9854994%)
(单击->支付商品转化率:,1.9270291%)
(收藏商品+加购物车->支付商品转化率:,18.688488%)

3. 查看结果

数据分析的操作步骤与任务 2 中的相类似，在此不再赘述。执行以下 SQL 语句查询用户行为数量，结果如图 6-4 所示。

```
select * from ub_behavior_count order by behavior_type;
```

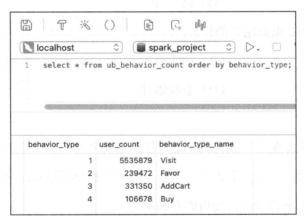

图 6-4 使用 Navicat 查询分析结果

项目小结

本项目通过 4 个任务对电商用户行为数据集进行了深入分析。本项目主要包括以下内容。

- 电商用户行为分析的基本流程。

- 电商用户访问量的分析方法。

- 电商用户购买行为的分析方法。

- 电商用户行为各阶段转化率的分析方法。

思考与练习

理论题

一、选择题（单选）

1．按照用户行为发生日期进行分组，对分组后的数据按照用户去重后进行统计的分析指标是。（　　）

（A）每日 PV　　　　　　（B）活跃用户数

（C）每日 UV　　　　　　（D）每日 IP

2．按照用户行为发生日期进行分组，对分组后的数据按照用户不去重进行统计的分析指标是。（　　）

（A）每日 PV　　　　　　（B）活跃用户数

（C）每日 UV　　　　　　（D）每日 IP

3．以下哪一项不是电商用户的行为。（　　）

（A）浏览商品　　　　　　（B）加购物车

（C）收藏商品　　　　　　（D）查收邮件

二、填空题

1．在本项目的数据集中，电商网站用户行为主要分为 4 种，分别是_____。

2．在本项目的用户访问量分析中，主要介绍了 4 种分析指标，分别是_____。

3．对数据集进行去重处理，使用的方法是_____。

三、简答题

1．简述本项目分析指标 PV 和 UV 的主要区别。

2．简述电商网站常用的数据分析指标。

3．简述使用 Spark 实现复购率的方法。

4．简述如何通过 Spark SQL 将"年-月-日 时"格式的字段转换为"年-月-日"和"时"两个字段。

实训题

在理解本项目分析指标的基础上练习本项目的案例。

项目 7

商品销售分析

项目导读

项目 6 讲解了电商系统的用户行为分析,接下来我们将继续深入研究电商系统的数据分析方法。本项目以国内某大型电商平台提供的美妆商品销售数据集作为分析对象,通过不同的维度对销售数据进行分析,主要维度包括时间维度、商品维度以及店铺维度。通过数据分析可以了解销售量和销售金额最高的店铺及商品,以及最受欢迎的店铺及商品等。

思政目标

- 培养学生树立为人民服务的意识,成为有益于社会、有益于人民的人。
- 培养学生德智体美全面发展的意识,成为有道德、有文化、有纪律的好公民。

- 理解商品销售数据常用的分析指标。
- 掌握商品销售数据分析的方法。

任务 1　数据说明及预处理

【任务描述】

本任务主要介绍如何对电商美妆商品的销售数据集进行预处理。通过本任务的学习和实践，读者可以了解电商美妆商品销售数据集的基本信息，理解电商销售数据分析的主要指标，掌握电商销售数据集预处理的基本方法。

【知识链接】

1. 数据说明

本项目采用的数据集是国内某大型电商平台双十一购物节美妆商品的销售情况数据集。数据集主要说明了商品的销售及评论情况，可以从多个维度对销售数据进行分析。因为原始数据是真实的商业数据，为了保护店家隐私，所以对店名做了匿名处理。处理方式是使用店家销售的商品品牌名称代替店铺名称。虽然对数据做了脱敏处理，但是并不影响最终的分析结果。

数据集共有 27 000 多条销售记录，其中包括 7 个特征列，数据文件采用 CSV 格式，每一行文本代表一条商品销售和评论记录，如表 7-1 所示。

表 7-1　原始数据字段说明

字段名称	说明
update_time	商品销售时间
id	商品 ID
title	商品的标题
price	商品销售价格
sale_count	商品销售数量
comment_count	评论数量
shop_name	脱敏处理后的店铺名称

以下是部分样本数据。

```
update_time,id,title,price,sale_count,comment_count,shop_name
2016/11/14,A18164178225,CHANDO/自然堂 雪域精粹纯粹滋润霜50g 补水保湿 滋润水润面霜,139,26719,2704,自然堂
2016/11/14,A18177105952,CHANDO/自然堂凝时鲜颜肌活乳液 120ml 淡化细纹补水滋润专柜正品,194,8122,1492,自然堂
2016/11/14,A18177226992,CHANDO/自然堂活泉保湿修护精华水（滋润型 135ml 补水控油爽肤水,99,12668,589,自然堂
2016/11/14,A18178033846,CHANDO/自然堂 男士劲爽控油洁面膏 100g 深层清洁 男士洗面奶,38,25805,4287,自然堂
```

2016/11/14,A18178045259,CHANDO/自然堂雪域精粹纯粹滋润霜（清爽型）50g 补水保湿滋润霜,139,5196,618,自然堂

2. 分析指标

在美妆商品销售数据中，用户首先希望了解整个数据集的基本信息，主要包括商品销售数量、商品销售总金额、店铺的数量等。

除了基本信息以外，主要通过两个不同的维度进行分析：店铺的维度，主要包括哪个店铺销量最好、哪个店铺的商品定价最高等；商品的维度，主要包括哪款商品销量最好、哪款商品销售额最高、哪款商品更加热门（评论数更多）。除了这两个维度以外，其他维度也比较重要，比如，时间的维度，可以分析出哪几天商品的销量更好、哪几天商品的销售额更高。限于篇幅，本项目只介绍基于店铺和商品维度的分析。

3. 数据处理流程

数据处理的流程一般分为数据加载、获取数据基本信息、数据预处理和数据指标分析等阶段。

- 数据加载：因为本项目涉及的数据集文件较小，可以直接加载到系统内存中进行分析。
- 获取数据基本信息：通过获取数据的基本信息，如数据量、数据字段的类型、数据的范围以及数据中的最大值、最小值、平均值等，对数据集有个初步的认识。
- 数据预处理：预处理需要验证数据中是否存在重复数据，是否需要去重处理；数据中是否存在缺失值，是否需要对缺失值进行处理；数据中是否存在异常值，是否需要对异常值进行处理。
- 数据指标分析：主要对涉及销售数据的指标进行分析。这是本项目的重点内容。

【任务实施】

1. 加载数据

使用 SparkSession 实例的 read 方法从文件中读取 CSV 格式的数据，将数据集加载到系统内存中进行分析。因为数据文件中的第 1 行是头信息，表示字段的名称，所以需要在读取时设置 header 为 true，将第 1 行数据作为头信息处理。

```
//获取 SparkSession
val spark = SparkSession.builder()
  .appName("SaleAnalysis1")
  .master("local[*]")
  .getOrCreate()
//CSV 数据源路径
val path = "./data/sale_data.csv"
//读取 CSV 文件，创建 DataFrame
val df = spark.read.format("csv")
```

```
.option("header", "true")
.load(path)
```

加载数据完成后,创建 DataFrame。可以通过 printSchema 方法查看数据列的信息。

```
//输出 Schema
df.printSchema()
```

以下是显示结果。

```
root
 |-- update_time: string (nullable = true)
 |-- id: string (nullable = true)
 |-- title: string (nullable = true)
 |-- price: string (nullable = true)
 |-- sale_count: string (nullable = true)
 |-- comment_count: string (nullable = true)
 |-- shop_name: string (nullable = true)
```

使用 DataFrame 的 count 方法可以查看记录数量。可以看到,原始数据包含 27 598 条记录。使用 show 方法查看部分数据。

```
//原始数据量
println("原始数据量:" + df.count())
//显示记录
df.show(5)
```

以下显示 5 条记录。

```
+----------+------------+------------------------+-----+----------+-------------+---------+
|update_time|         id|                   title|price|sale_count|comment_count|shop_name|
+----------+------------+------------------------+-----+----------+-------------+---------+
|2016/11/14|A18164178225|CHANDO/自然堂 雪域精粹纯粹...|  139|     26719|         2704|    自然堂|
|2016/11/14|A18177105952|CHANDO/自然堂凝时鲜颜肌活乳...|  194|      8122|         1492|    自然堂|
|2016/11/14|A18177226992|CHANDO/自然堂活泉保湿修护精...|   99|     12668|          589|    自然堂|
|2016/11/14|A18178033846|CHANDO/自然堂 男士劲爽控油...|   38|     25805|         4287|    自然堂|
|2016/11/14|A18178045259|CHANDO/自然堂雪域精粹纯粹滋...|  139|      5196|          618|    自然堂|
+----------+------------+------------------------+-----+----------+-------------+---------+
```

2. 数据去重

可以通过调用 DataFrame 的 distinct 方法实现数据的去重。在本数据集中,去掉重复数据后的数据是 27 512 条记录,重复的数据并不是很多。

```
//去掉重复数据
val df2 = df.distinct()
println("去重后数据量:" + df2.count())
```

3. 时间处理

原始数据的 update_time 列存在类似"2016/11/5"的日期,也存在类似"2016/11/14"的日期,这两个日期的长度不同。在进行数据分析时,日期的格式应该保持一致,也就是说日期的长度应该一样。通过编写自定义函数，可以实现时间格式的转换。如果日期中的"月"和"日"不足 2 位，则通过补 0 的方式转换为 2 位。

```
//时间格式转换
val timeConvert = (updateTime: String) => {
  val arr = updateTime.split("/")
  arr.length
  var year = arr(0)
  var month = arr(1)
  var day = arr(2)
  if (month.trim.length == 1) {
     month = "0" + month
  }
  if (day.trim.length == 1) {
     day = "0" + day
  }
  year + "/" + month + "/" + day
}
//注册函数
spark.udf.register("timeConvert", timeConvert)
```

4. 添加性别

众所周知，就美妆产品数据分析而言，性别是非常重要的属性。比如，对一位女性来说，她可能更关注最受欢迎的前 10 款女性化妆品。遗憾的是，在原始的数据集中，并没有提供性别这一属性。通过对数据集进行分析，可以发现在某些数据的 title 中存在与性别相关的信息，如以下数据包含"男士控油补水露"，可以据此认定其为男性美妆商品。

2016/11/14,A24544816538,自然堂男士控油补水露 补水保湿控油清爽男士护肤品正品,79,6782,578,自然堂

以下数据包含"女"，可以据此认定其为女性美妆商品。

2016/11/14,A18178129035,自然堂 雪域纯粹滋润洗颜霜 110g 补水保湿 洗面奶女 深层清洁,88,42858,8426,自然堂

以下数据包含"男"和"女"，可以据此认定其为男性和女性都可以使用的美妆商品。

2016/11/7,A43651858572,innisfree/悦诗风吟自然关爱优颜防晒乳 SPF30+清爽保湿男女防晒霜,100,14488,2084,悦诗风吟

若数据既不包含"男"也不包含"女"，可以据此认定其为男性和女性通用的美妆商品。

2016/11/7,A43294056220,innisfree/悦诗风吟 济州油菜花蜜精华凝露 50ml 保湿,170,126,3,悦诗风吟

通过以上分析，可以找到一种判别美妆商品适用性别的规则。当然，读者也可能会质疑这种规则的严谨性，因为有一些美妆商品，可能是男士或女士专属的美妆商品，只是因为没有在标题中标注而被认定为男女通用的美妆商品。事实上，对于这个数据集暂时还没有找到更好的方法进行性别判断，这种方法可以认为是相对可行的。

编写自定义函数 isMale，通过标题的内容判断是不是男性适用的美妆商品。

```scala
//判断是不是男性，返回值，0：非，1：是
val isMale = (title: String) => {
  //默认 1：是
  var result = 1
  if (title != null && !(title.trim.equals(""))) {
    if (title.contains("男"))
      result = 1
    else if (title.contains("女"))
      result = 0
    else
      result = 1
  }
  result
}
//注册函数
spark.udf.register("isMale", isMale)
```

编写自定义函数 isFemale，通过标题的内容判断是不是女性适用的美妆商品。

```scala
//判断是不是女性，返回值，0：非，1：是
val isFemale = (title: String) => {
  //0：非，1：是
  var result = 1
  if (title != null && !(title.trim.equals(""))) {
    if (title.contains("女"))
      result = 1
    else if (title.contains("男"))
      result = 0
    else
      result = 1
  }
  result
}
//注册函数
spark.udf.register("isFemale", isFemale)
```

5. 增加数据列

通过自定义函数实现时间格式转换以及性别判断以后，可以在原始数据集上增加相应的列。通过查看 Shema 信息和部分数据来验证新增的数据。

```scala
//创建临时表
df2.createTempView("sale_data")
//处理时间，增加性别相关列
val df3 = spark.sql("select timeConvert(update_time) as update_time" +
  ",id,title,price,sale_count,comment_count,shop_name" +
```

```
",isMale(title) as is_male,isFemale(title) as is_female" +
" from sale_data")
//输出 Schema
df3.printSchema()
//显示记录
df3.show(5)
```

以下是显示结果。

```
root
 |-- update_time: string (nullable = true)
 |-- id: string (nullable = true)
 |-- title: string (nullable = true)
 |-- price: string (nullable = true)
 |-- sale_count: string (nullable = true)
 |-- comment_count: string (nullable = true)
 |-- shop_name: string (nullable = true)
 |-- is_male: integer (nullable = false)
 |-- is_female: integer (nullable = false)
```

以下显示 5 条记录。

```
+----------+-------------+--------------------+-----+----------+-------------+---------+-------+---------+
|update_time|          id|               title|price|sale_count|comment_count|shop_name|is_male|is_female|
+----------+-------------+--------------------+-----+----------+-------------+---------+-------+---------+
|2016/11/13|A27616916890 |CHANDO/自然堂凝时鲜颜冰肌水...|  159|     12105|         2382|   自然堂|      1|        1|
|2016/11/11|A19008350212 |CHANDO/自然堂雪润皙白水乳套...|  198|     21473|         2930|   自然堂|      1|        1|
|2016/11/10|A41289308361 |CHANDO/自然堂【预售】雪润皙...|  218|      3063|          278|   自然堂|      1|        1|
|2016/11/07|A35515918140 |CHANDO/自然堂亲蜜亮彩唇菁笔...|   76|     40130|         3499|   自然堂|      1|        1|
|2016/11/06|A39256958850 |自然堂活泉深层补水按摩乳 保湿活肤...|  110|      1140|           97|   自然堂|      0|        1|
+----------+-------------+--------------------+-----+----------+-------------+---------+-------+---------+
```

6. 保存结果

为方便对预处理完成后的数据集进行后续分析，可以将预处理的结果保存到文件系统中，保存文件采用 CSV 文件格式，可以使用 DataFrame 的 write 方法实现。

```
//保存处理后的数据
df3.coalesce(1)
  .write
  .format("csv")
  .mode("overwrite")
  .option("header", "true")
  .save("./output/sale_data")
```

保存完成后，可以在指定的文件夹下查看预处理后的数据，如图 7-1 所示。

```
∨  sale_data
      ._SUCCESS.crc
      .part-00000-8a158068-16e2-4900-b7a8-e4b2d8857c34-c000.csv.crc
      _SUCCESS
      part-00000-8a158068-16e2-4900-b7a8-e4b2d8857c34-c000.csv
```

图 7-1 输出的 CSV 文件

以下是部分样本数据。

```
update_time,id,title,price,sale_count,comment_count,shop_name,is_male,is_female
2016/11/13,A27616916890,CHANDO/自然堂凝时鲜颜冰肌水　淡化细纹补水保湿清爽修护爽肤水,159,12105,2382,自然堂,1,1
2016/11/11,A19008350212,CHANDO/自然堂雪润皙白水乳套装 爽肤水乳液面膜 亮肤补水套装,198,21473,2930,自然堂,1,1
2016/11/10,A41289308361,CHANDO/自然堂【预售】雪润皙白日晚霜套装 补水保湿滋润面霜套装,218,3063,278,自然堂,1,1
2016/11/07,A35515918140,CHANDO/自然堂亲密亮彩唇膏笔护唇　保湿滋养多色口红彩妆,76,40130,3499,自然堂,1,1
2016/11/06,A39256958850,自然堂活泉深层补水按摩乳　保湿活肤长久水嫩乳液女正品,110,1140,97,自然堂,0,1
```

任务 2　获取基本信息

【任务描述】

本任务主要介绍如何对电商美妆商品销售数据进行加载和初步分析。通过本任务的学习和实践，读者可以了解电商美妆商品销售数据集的基本信息，掌握获取电商销售数据集基本信息的方法。

【任务实施】

1. 加载数据

首先加载数据到系统内存中，这个过程和任务 1 介绍的加载数据方法是一样的，不同的是，本次加载的数据来源于任务 1 中预处理以后的 CSV 文件，而不是原始的 CSV 文件。为了方便使用 Spark SQL 进行数据分析，将数据集注册为临时表。

```
//CSV 数据源路径
val path = "./output/sale_data"
//读取 CSV 文件，创建 DataFrame
val df = spark.read.format("csv")
  .option("header", "true")
  .load(path)
//创建临时表
 df.createTempView("sale_data")
```

2. 数据分析

1）店铺数量

查询数据集中一共有多少个店铺，通过 distinct 函数实现对店铺名称去重操作。

```
//店铺数量
val df2=spark.sql("select distinct shop_name " +
```

```
         "from sale_data")
println("店铺数量:" + df2.count())
```

查询结果如下。

店铺数量: 22

2）商品数量

查询数据集中的商品数量。可以使用 distinct 函数对 title 字段去重，以获得商品的数量。

```
//商品数量
val df3=spark.sql("select distinct title from sale_data")
 println("商品数量:" + df3.count())
```

查询结果如下。

商品数量: 4477

3）价格信息

查询数据集中商品的最高价格、最低价格及平均价格，分别使用 max、min、avg 函数实现。

```
//价格信息
val df4 = spark.sql("select max(price) as max_price" +
  ",min(price) as min_price" +
  ",avg(price) as avg_price " +
  "from sale_data")
  df4.show(5)
```

以下是显示结果。

```
+---------+---------+------------------+
|max_price|min_price|         avg_price|
+---------+---------+------------------+
|      999|        1|363.42351155859734|
+---------+---------+------------------+
```

4）销量信息

查询数据集中商品的最大销量、平均销量，分别使用 min 和 avg 函数实现。

```
//销量信息
val df5 = spark.sql("select max(sale_count) as max_sale_count" +
  ",min(sale_count) as min_sale_count" +
  ",avg(sale_count) as avg_sale_count " +
  "from sale_data")
  df5.show(5)
```

以下是显示结果。

```
+--------------+--------------+------------------+
|max_sale_count|min_sale_count|    avg_sale_count|
+--------------+--------------+------------------+
|          9998|             0|12316.054208727446|
+--------------+--------------+------------------+
```

5）更新时间数量

以天为时间单位，查询数据集中一共是多少天的数据，查询结果显示是 10 天的数据。以下使用 show 方法显示了 5 天的数据。

```
//更新时间数量
val df6 = spark.sql("select distinct(update_time) as update_time " +
    "from sale_data")
println("更新时间数量:" + df6.count())
//显示记录
df6.show(5)
```

以下是显示结果。

```
+-----------+
|update_time|
+-----------+
| 2016/11/12|
| 2016/11/08|
| 2016/11/09|
| 2016/11/07|
| 2016/11/06|
+-----------+
```

6）时间区间

查询数据集中数据的最小时间和最大时间，也就是时间的区间。最小时间和最大时间的查询分别使用 min 和 max 函数实现。

```
//时间区间
val df7 = spark.sql("select min(update_time) as min_update_time," +
  "max(update_time) as max_update_time " +
  "from sale_data")
  df7.show()
```

以下是显示结果。

```
+---------------+---------------+
|min_update_time|max_update_time|
+---------------+---------------+
|     2016/11/05|     2016/11/14|
+---------------+---------------+
```

任务 3　基于店铺维度分析

【任务描述】

本任务主要介绍如何以店铺为分析维度，对店铺商品价格、商品的销量进行分析。通过本任务的学习和实践，读者可以理解以店铺为维度进行分析的常用指标，掌握以店铺为维度进行数据分析的方法。

【任务实施】

1. 数据表设计

在 MySQL 数据库中创建与分析指标相关的数据表，并保存最终的分析结果。

sa_shop_avg_comment_count 表：店铺平均商品评论数量，如表 7-2 所示。

表 7-2　sa_shop_avg_comment_count 表设计

字段名称	字段类型	说明
shop_name	varchar	店铺名称
avg_comment_count	int	平均评论数量

sa_shop_avg_price 表：店铺商品的平均定价，如表 7-3 所示。

表 7-3　sa_shop_avg_price 表设计

字段名称	字段类型	说明
shop_name	varchar	店铺名称
price	float	平均价格

sa_shop_price 表：店铺价格，如表 7-4 所示。

表 7-4　sa_shop_price 表设计

字段名称	字段类型	说明
shop_name	varchar	店铺名称
price	float	价格

sa_shop_sale_count 表：店铺销量，如表 7-5 所示。

表 7-5　sa_shop_sale_count 表设计

字段名称	字段类型	说明
shop_name	varchar	店铺名称
total_sale_count	int	销售数量

sa_shop_total_comment_count 表：店铺评论总数量，如表 7-6 所示。

表 7-6　sa_shop_total_comment_count 表设计

字段名称	字段类型	说明
shop_name	varchar	店铺名称
total_comment_count	int	评论数量

2. 数据分析

1) 销售量最高的前 10 个店铺

按照店铺名称进行分组，统计每组内商品的销售数量，然后按照销售数量由高到低进行倒序排列，查询出销售量最高的前 10 个店铺。最终的分析结果可以写入 MySQL 数据库的 sa_shop_sale_count 表中。

```
//销售量最高的前 10 个店铺
val df2 = spark.sql("select shop_name,sum(sale_count) as total_sale_count " +
  "from sale_data " +
  "group by shop_name " +
  "order by total_sale_count desc " +
  "limit 10")
//显示记录
df2.show()
//写入数据库
df2.write.mode("overwrite")
  .format("jdbc")
  .option("url", "jdbc:mysql://localhost:3306/spark_project?useSSL=false")
  .option("driver", "com.mysql.jdbc.Driver")
  .option("dbtable", "sa_shop_sale_count")
  .option("user", "root")
  .option("password", "root123456")
    .save()
```

以下是显示结果。

```
+---------+----------------+
|shop_name|total_sale_count|
+---------+----------------+
|   相宜本草|       6.5462947E7|
|     美宝莲|       3.9358088E7|
|   悦诗风吟|       3.9070496E7|
|     妮维雅|        3.825446E7|
|     欧莱雅|       3.3773155E7|
|     自然堂|       1.7837452E7|
|   蜜丝佛陀|       1.5391247E7|
|     佰草集|       1.4994464E7|
|       兰芝|         9130244.0|
|     美加净|         8825906.0|
+---------+----------------+
```

2) 销售额最高的前 10 个店铺

按照店铺名称进行分组，统计每组内商品的销售金额，然后按照销售金额由高到低进行倒序排列，查询出销售金额最高的前 10 个店铺。最终的分析结果可以写入 MySQL 数据库的 sa_shop_price 表中。

```
//销售额最高的前10个店铺
val df3 = spark.sql("select shop_name,sum(price*sale_count) as total_price " +
  "from sale_data " +
  "group by shop_name " +
  "order by total_price desc " +
  "limit 10")
//显示记录
df3.show()
//写入数据库
df3.write.mode("overwrite")
  .format("jdbc")
  .option("url", "jdbc:mysql://localhost:3306/spark_project?useSSL=false")
  .option("driver", "com.mysql.jdbc.Driver")
  .option("dbtable", "sa_shop_price")
  .option("user", "root")
  .option("password", "root123456")
    .save()
```

以下是显示结果。

```
+---------+--------------------+
|shop_name|         total_price|
+---------+--------------------+
|   相宜本草| 6.145791045419999E9|
|     欧莱雅|       5.312478542E9|
|     佰草集|      4.0186793498E9|
|     美宝莲|       3.531516325E9|
|   悦诗风吟|      3.386962445E9|
|   雅诗兰黛|      3.040251794E9|
|     自然堂|      2.9411528535E9|
|       兰芝|      2.525665625E9|
|     妮维雅|2.2001675055699983E9|
|   蜜丝佛陀|2.0824663157000003E9|
+---------+--------------------+
```

3）评论数最多的前 10 个店铺

用户的评论数反映了店铺的热门程度。按照店铺名称进行分组，统计每组内评论的数量，然后按照评论数量由多到少进行倒序排列，查询出评论数最多的前 10 个店铺。最终的分析结果可以写入 MySQL 数据库的 sa_shop_total_comment_count 表中。

```
//评论数最多的前10个店铺
val df4 = spark.sql("select shop_name,sum(comment_count) as total_comment_count " +
  "from sale_data " +
  "group by shop_name " +
```

```
            "order by total_comment_count desc " +
            "limit 10")
//显示记录
df4.show()
//写入数据库
df4.write.mode("overwrite")
    .format("jdbc")
    .option("url", "jdbc:mysql://localhost:3306/spark_project?useSSL=false")
    .option("driver", "com.mysql.jdbc.Driver")
    .option("dbtable", "sa_shop_total_comment_count")
    .option("user", "root")
    .option("password", "root123456")
    .save()
```

以下是显示结果。

```
+---------+-------------------+
|shop_name|total_comment_count|
+---------+-------------------+
|   悦诗风吟|          5890398.0|
|     妮维雅|          3704349.0|
|     美宝莲|          3087101.0|
|   相宜本草|          2876598.0|
|     自然堂|          2617291.0|
|     欧莱雅|          2356449.0|
|       雅漾|          1164360.0|
|     佰草集|          1158988.0|
|     美加净|           965152.0|
|       兰芝|           873534.0|
+---------+-------------------+
```

4）平均评论数最多的前 10 个店铺

用户对商品的平均评论数反映了店铺中商品的热门程度。按照店铺名称进行分组，统计每组内平均评论的数量，然后按照平均评论数量由多到少进行倒序排列，查询出平均评论数最多的前 10 个店铺。最终的分析结果可以写入 MySQL 数据库的 sa_shop_avg_comment_count 表中。

```
//平均评论数最多的前 10 个店铺
val df5 = spark.sql("select shop_name,avg(comment_count) as avg_comment_count " +
    "from sale_data " +
    "group by shop_name " +
    "order by " +
    "avg_comment_count desc " +
    "limit 10")
//显示记录
df5.show()
```

```
//写入数据库
df5.write.mode("overwrite")
  .format("jdbc")
  .option("url", "jdbc:mysql://localhost:3306/spark_project?useSSL=false")
  .option("driver", "com.mysql.jdbc.Driver")
  .option("dbtable", "sa_shop_avg_comment_count")
  .option("user", "root")
  .option("password", "root123456")
  .save()
```

以下是显示结果。

```
+---------+------------------+
|shop_name| avg_comment_count|
+---------+------------------+
|   美宝莲| 3741.940606060606|
|   妮维雅|2851.6928406466513|
|   自然堂|2227.4817021276594|
| 相宜本草| 2190.859101294745|
| 悦诗风吟|1949.8172790466733|
|     雅漾|1756.1990950226245|
| 蜜丝佛陀| 1744.225806451613|
|   欧莱雅| 1213.413491246138|
|     兰芝| 802.8805147058823|
|   美加净| 575.1799761620978|
+---------+------------------+
```

5）平均定价最高的前10个店铺

商品的平均定价反映了店铺的商品等级。一般来说，商品的平均定价越高，商品的等级越高。按照店铺名称进行分组，统计每组内商品的平均定价，然后按照平均定价由高到低进行倒序排列，查询出平均定价最高的前 10 个店铺。最终的分析结果可以写入 MySQL 数据库的 sa_shop_avg_price 表中。

```
//平均定价最高的前10个店铺
val df6 = spark.sql("select shop_name,avg(price) as avg_price " +
  "from sale_data " +
  "group by shop_name " +
  "order by avg_price desc " +
  "limit 10")
df6.show()
//写入数据库
df6.write.mode("overwrite")
  .format("jdbc")
  .option("url", "jdbc:mysql://localhost:3306/spark_project?useSSL=false")
  .option("driver", "com.mysql.jdbc.Driver")
  .option("dbtable", "sa_shop_avg_price")
  .option("user", "root")
```

```
.option("password", "root123456")
.save()
```

以下是显示结果。

```
+----------+------------------+
|shop_name |     avg_price    |
+----------+------------------+
|    娇兰  | 1361.0435875943  |
|    SKII  | 1011.727078891258|
|   雪花秀 | 901.0828729281768|
|  雅诗兰黛| 872.4707182320442|
|    兰蔻  | 756.4007782101168|
|   资生堂 | 577.4384896467723|
|    兰芝  | 356.6158088235294|
|    倩碧  | 346.0921902524956|
|   玉兰油 | 329.6572944297084|
|   植村秀 | 311.7866666666667|
+----------+------------------+
```

3. 查看结果

上述数据分析的结果最终会写入 MySQL 数据库相应的表中，可以使用 MySQL 客户端连接工具（如 Navicat）连接数据库进行查询。图 7-2 显示了平均定价最高的前 10 个店铺。其他分析结果的查询与此相类似，这里不再赘述。

shop_name	avg_price
娇兰	1361.04
SKII	1011.73
雪花秀	901.083
雅诗兰黛	872.471
兰蔻	756.401
资生堂	577.438
兰芝	356.616
倩碧	346.092
玉兰油	329.657
植村秀	311.787

图 7-2 MySQL 查询结果

任务 4 基于商品维度分析

【任务描述】

本任务主要介绍如何以数据集中的商品为分析维度，对商品价格、商品的销量进行分析。

通过本任务的学习和实践，读者可以理解以商品为维度进行分析的常用指标，掌握以商品为维度进行数据分析的方法。

【任务实施】

1. 数据表设计

在 MySQL 数据库中创建与分析指标相关的数据表，并保存最终的分析结果。

sa_item_price 表：商品价格，如表 7-7 所示。

表 7-7 sa_item_price 表设计

字段名称	字段类型	说明
shop_name	varchar	店铺名称
title	varchar	标题（商品）
price	float	价格

sa_item_male_price 表：男士商品价格，如表 7-8 所示。

表 7-8 sa_item_male_price 表设计

字段名称	字段类型	说明
shop_name	varchar	店铺名称
title	varchar	标题（商品）
price	float	价格

sa_item_total_price 表：商品销售总价，如表 7-9 所示。

表 7-9 sa_item_total_price 表设计

字段名称	字段类型	说明
shop_name	varchar	店铺名称
title	varchar	标题（商品）
total_price	float	总价格

sa_item_total_sale_count 表：商品总销量，如表 7-10 所示。

表 7-10 sa_item_total_sale_count 表设计

字段名称	字段类型	说明
shop_name	varchar	店铺名称
title	varchar	标题（商品）
total_sale_count	int	总销量

2. 数据分析

1）定价最高的前 10 款商品

查询数据集中定价最高的前 10 款商品。最终的查询结果可以写入 MySQL 数据库的

sa_item_price 表中。

```
//定价最高的前10款商品
val df2 = spark.sql("select shop_name,title,price " +
  "from sale_data " +
  "order by price desc " +
  "limit 10")
//显示记录
df2.show()
//写入数据库
df2.write.mode("overwrite")
  .format("jdbc")
  .option("url", "jdbc:mysql://localhost:3306/spark_project?useSSL=false")
  .option("driver", "com.mysql.jdbc.Driver")
  .option("dbtable", "sa_item_price")
  .option("user", "root")
  .option("password", "root123456")
      .save()
```

2）定价最高的前 10 款男士美妆商品

在数据预处理阶段加入了性别字段，女士可能更关注适合女性的美妆商品，男士可能更关注适合男性的美妆商品。在这里以查询定价最高的男士美妆商品为例进行说明。使用 is_male=1 这个条件可以对数据按照商品的价格进行过滤。最终的查询结果可以写入 MySQL 数据库的 sq_item_male_price 表中。

```
//定价最高的前10款男士美妆商品
val df3 = spark.sql("select shop_name,title,price " +
  "from sale_data " +
  "where is_male=1 " +
  "order by price desc " +
  "limit 10")
//显示记录
df3.show()
//写入数据库
df3.write.mode("overwrite")
  .format("jdbc")
  .option("url", "jdbc:mysql://localhost:3306/spark_project?useSSL=false")
  .option("driver", "com.mysql.jdbc.Driver")
  .option("dbtable", "sa_item_male_price")
  .option("user", "root")
  .option("password", "root123456")
      .save()
```

3）成交额最高的前 10 款商品

成交额为商品的单价乘以销售数量。查询成交额最高的前 10 款商品，可以将查询结果保存到 MySQL 数据库的 sa_item_total_price 表中。

```scala
//成交额最高的前10款商品
val df4 = spark.sql("select shop_name,title," +
  "price*sale_count as total_price " +
  "from sale_data " +
  "order by price desc " +
  "limit 10")
//显示记录
df4.show()
//写入数据库
df4.write.mode("overwrite")
  .format("jdbc")
  .option("url", "jdbc:mysql://localhost:3306/spark_project?useSSL=false")
  .option("driver", "com.mysql.jdbc.Driver")
  .option("dbtable", "sa_item_total_price")
  .option("user", "root")
  .option("password", "root123456")
  .save()
```

4）销售量最高的前 10 款商品

查询销售量最高的前 10 款商品，可以将查询结果保存到 MySQL 数据库的 sa_item_total_sale_count 表中。

```scala
//销售量最高的前10款商品
val df5 = spark.sql("select shop_name,title," +
  "sale_count as total_sale_count " +
  "from sale_data " +
  "order by total_sale_count desc " +
  "limit 10")
df5.show()
//写入数据库
df5.write.mode("overwrite")
  .format("jdbc")
  .option("url", "jdbc:mysql://localhost:3306/spark_project?useSSL=false")
  .option("driver", "com.mysql.jdbc.Driver")
  .option("dbtable", "sa_item_total_sale_count")
  .option("user", "root")
  .option("password", "root123456")
  .save()
```

3. 查看结果

上述数据分析的结果最终均会写入 MySQL 数据库相应的表中，可以使用 MySQL 客户端连接工具连接数据库进行查询。图 7-3 显示了销售量最高的前 10 款商品。其他分析结果的查询与此相类似，这里不再赘述。

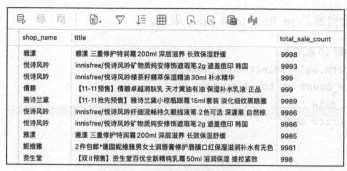

图 7-3　MySQL 查询结果

项目小结

本项目通过 4 个任务对电商销售数据集进行了深入分析。本项目主要包括以下内容。

- 电商销售数据分析的基本流程。
- 获取电商销售数据基本信息的方法。
- 基于店铺维度，对电商销售数据进行分析。
- 基于商品维度，对电商销售数据进行分析。

思考与练习

理论题

简答题

1．简述电商销售数据分析系统中实现的主要分析指标。
2．简述电商美妆商品销售数据集中关于商品适用的性别是如何进行判别的。
3．通过本项目案例的学习，总结电商美妆商品销售数据集分析的结果。

实训题

在理解本项目分析指标的基础上练习本项目的案例。

项目 8

电商订单分析

项目导读

项目 6 和项目 7 讲解了电商系统的用户行为分析和电商销售数据分析,接下来我们将继续深入研究电商系统的数据分析方法。本项目以国内某大型电商平台提供的订单数据集作为分析对象,通过不同的维度对订单数据进行分析,主要包括时间维度和区域维度等。通过数据分析可以了解订单量和订单金额最高的时间和区域,以及订单的付款率和退款率等。

思政目标

- 培养学生学思结合、知行统一的人格。
- 培养学生爱岗敬业,有理想信念的工作态度。

- 掌握电商订单数据的分析方法。
- 掌握通过时间维度、区域维度进行多维度数据分析的方法。

任务 1　数据说明及预处理

【任务描述】

本任务主要介绍如何对电商订单数据集进行预处理。通过本任务的学习和实践，读者可以了解电商订单数据集的基本信息，了解电商订单数据分析的主要指标，掌握电商订单数据集预处理的基本方法。

【知识链接】

1. 数据说明

本项目采用的数据集是国内某大型电商平台真实成交订单数据集。数据集主要包括用户的下单时间、付款时间、订单金额、支付金额、退款金额、订单地址等基本信息。通过这些基本信息可以从多个维度对订单数据进行分析。因为原始数据是真实的商业数据，为了保护用户隐私，所以对部分数据进行"脱敏"处理，比如，地址信息只精确到省份（这里仅作说明，并未严格限定为省或直辖市，后同），不显示完整的订单地址。虽然对数据进行了处理，但是并不影响本项目所涉及的分析结果。

数据集共有 28 000 多条记录，其中包括 6 个特征列，数据文件采用 CSV 格式，每一行文本代表一条订单记录。原始数据字段说明如表 8-1 所示。

表 8-1　原始数据字段说明

字段	说明
create_time	下单时间
pay_time	付款时间
order_price	订单金额
pay_price	支付金额
return_price	退款金额
addr	订单地址，精确到省份

以下是部分样本数据。

```
create_time,pay_time,order_price,pay_price,return_price,addr
2020-02-01 00:14:00,2020-02-01 00:14:00,38,0,38,四川省
2020-02-01 00:17:00,2020-02-01 00:17:00,38,38,0,江苏省
2020-02-01 00:33:00,2020-02-01 00:33:00,76,0,76,湖北省
2020-02-01 00:50:00,2020-02-01 00:50:00,38,38,0,贵州省
2020-02-01 00:54:00,2020-02-01 00:54:00,152,0,152,上海
2020-02-01 00:54:00,2020-02-01 00:54:00,38,0,38,陕西省
2020-02-01 01:22:00,2020-02-01 01:22:00,38,38,0,重庆
2020-02-01 01:45:00,2020-02-01 01:45:00,114,114,0,浙江省
2020-02-01 02:03:00,2020-02-01 02:04:00,38,38,0,湖南省
```

2. 分析指标

在电商订单的数据集中，用户关注的分析指标主要分为两个维度：一是时间维度，按照用户下单的时间进行分析，根据时间粒度的不同，可以分为"天"或者"小时"，也就是说，分析每天或者每小时的订单统计信息；二是区域维度，本数据集中的地址信息可以精确到"省份"，因此可以订单地址为单位，统计各省份的订单信息。主要的分析指标如下。

- 订单总金额：数据集中所有订单的总金额。
- 总付款金额：数据集中所有订单付款的总金额。
- 总退款金额：数据集中所有退款的总金额。
- 每日订单金额：以天为单位，统计订单的总金额。
- 每日订单数量：以天为单位，统计每天订单的总数量。
- 每小时订单金额：以小时为单位，统计订单的总金额。
- 每小时订单数量：以小时为单位，统计订单的数量。
- 各省订单金额：以地址为单位，统计各省的订单金额。
- 各省订单数量：以地址为单位，计算各省的订单数量。
- 消费级别：根据付款金额的大小将订单划分为不同的级别，统计各个级别的订单数量。根据实际的业务情况，可以将订单划分为不同的消费级别。

3. 数据处理流程

数据处理的流程一般分为数据加载、获取数据基本信息、数据预处理和数据指标分析等阶段。

- 数据加载：因为本项目涉及的数据集文件较小，可以直接加载到系统内存中进行分析。
- 获取数据基本信息：通过获取数据的基本信息，如数据量、数据字段的类型、数据的范围以及数据中的最大值、最小值、平均值等，对数据集有个初步的认识。
- 数据预处理：预处理需要验证数据中是否存在重复数据，是否需要去重处理；数据中是否存在缺失值，是否需要对缺失值进行处理；数据中是否存在异常值，是否需要对异常值进行处理。
- 数据指标分析：主要对涉及销售数据的指标进行分析。这是本项目的重点内容。

【任务实施】

1. 加载数据

使用 SparkSession 实例的 read 方法从文件中读取 CSV 格式的数据，将数据集加载到系统内存中进行分析。因为数据文件中的第 1 行是头信息，表示字段的名称，所以需要在读取时设置 header 为 true，将第 1 行数据作为头信息处理。

```
//CSV 数据源路径
  val path = "./data/order_data.csv"
  //读取 CSV 文件，创建 DataFrame
  val df = spark.read.format("csv")
    .option("header", "true")
          .load(path)
```

加载数据完成后，创建 DataFrame。可以通过 printSchema 方法查看数据列的信息。

```
//输出 Schema
df.printSchema()
```

以下是显示结果。

```
root
 |-- create_time: string (nullable = true)
 |-- pay_time: string (nullable = true)
 |-- order_price: string (nullable = true)
 |-- pay_price: string (nullable = true)
 |-- return_price: string (nullable = true)
 |-- addr: string (nullable = true)
```

使用 DataFrame 的 count 方法可以查看记录数量。可以看到，原始数据包含 28 010 条记录。使用 show 方法查看部分数据。

```
//原始数据量
println("原始数据量:" + df.count())
//显示记录
df.show(5)
```

以下显示 5 条记录。

```
+-------------------+-------------------+-----------+---------+------------+------+
|        create_time|           pay_time|order_price|pay_price|return_price|  addr|
+-------------------+-------------------+-----------+---------+------------+------+
|2020-02-01 00:14:00|2020-02-01 00:14:00|         38|        0|          38|四川省|
|2020-02-01 00:17:00|2020-02-01 00:17:00|         38|       38|           0|江苏省|
|2020-02-01 00:33:00|2020-02-01 00:33:00|         76|        0|          76|湖北省|
|2020-02-01 00:50:00|2020-02-01 00:50:00|         38|       38|           0|贵州省|
|2020-02-01 00:54:00|2020-02-01 00:54:00|        152|        0|         152|  上海|
+-------------------+-------------------+-----------+---------+------------+------+
```

2．数据去重

可以通过调用 DataFrame 的 distinct 方法实现数据的去重。在本数据集中，原始数据是 28 010 条，去掉重复数据后的数据是 27 901 条，重复的数据并不是很多。

```
//去掉重复数据
  val df2 = df.distinct()
  println("去重后数据量:" + df2.count())
```

3. 消费级别

消费级别是按照用户付款金额进行分组,至于划分成多少个消费级别,可以根据实际的业务情况来定。以下代码使用了自定义函数实现消费级别的划分。用户的付款金额处于某一个数据区间,就将订单划分为特定的消费级别。

```
//创建临时表
df2.createTempView("order_data")
//增加消费级别
val payLevel = (payPrice: Double) => {
  payPrice match {
    case payPrice if (payPrice > 0 && payPrice <= 25) => 1
    case payPrice if (payPrice > 25 && payPrice <= 50) => 2
    case payPrice if (payPrice > 50 && payPrice <= 75) => 3
    case payPrice if (payPrice > 75 && payPrice <= 100) => 4
    case payPrice if (payPrice > 100 && payPrice <= 125) => 5
    case payPrice if (payPrice > 125 && payPrice <= 150) => 6
    case payPrice if (payPrice > 150 && payPrice <= 175) => 7
    case payPrice if (payPrice > 175 && payPrice <= 200) => 8
    case payPrice if (payPrice > 200 && payPrice <= 300) => 9
    case payPrice if (payPrice > 300 && payPrice <= 400) => 10
    case _ => 11
  }
}
//注册函数
 spark.udf.register("payLevel", payLevel)
```

4. 时间字段

电商订单数据集按照时间维度进行分析,根据时间粒度的大小,可以分为按照"天"或者"小时"进行数据分析。原数据集中的时间格式是"年-月-日 时:分:秒",为方便数据分析,可以将时间拆分为日期和小时,基于原数据集扩充4个字段:创建日期、创建小时、付款日期和付款小时。

```
//增加字段
val df3 = spark.sql(
  """SELECT *,date_format(to_timestamp(create_time, "yyyy-MM-dd HH:mm:ss"), "yyyy-MM-dd") as create_date,
    | date_format(to_timestamp(pay_time, "yyyy-MM-dd HH:mm:ss"), "yyyy-MM-dd") as pay_date,
    | date_format(to_timestamp(create_time, "yyyy-MM-dd HH:mm:ss"), "HH") as create_hour,
    | date_format(to_timestamp(pay_time, "yyyy-MM-dd HH:mm:ss"), "HH") as pay_hour,
    | payLevel(pay_price) as pay_level
    | from order_data """.stripMargin)
//输出 Schema
df3.printSchema()
```

以下是显示结果。

```
root
 |-- create_time: string (nullable = true)
 |-- pay_time: string (nullable = true)
 |-- order_price: string (nullable = true)
 |-- pay_price: string (nullable = true)
 |-- return_price: string (nullable = true)
 |-- addr: string (nullable = true)
 |-- create_date: string (nullable = true)
 |-- pay_date: string (nullable = true)
 |-- create_hour: string (nullable = true)
 |-- pay_hour: string (nullable = true)
 |-- pay_level: integer (nullable = true)
```

5. 保存结果

为方便对预处理完成后的数据集进行后续分析,可以将预处理的结果保存到文件系统中,保存文件采用 CSV 文件格式,可以使用 DataFrame 的 write 方法实现。

```
//保存数据
df3.coalesce(1)
  .write
  .format("csv")
  .mode("overwrite")
  .option("header", "true")
  .option("compression", "uncompressed")
  .save("./output/order_data")
```

保存完成后,可以在指定的文件夹下查看预处理后的数据,如图 8-1 所示。

图 8-1 输出的 CSV 文件

任务 2 获取基本信息

【任务描述】

本任务主要介绍如何对电商订单数据进行加载和初步分析。通过本任务的学习和实践,读者可以了解电商订单数据集的基本信息,掌握获取电商订单数据集基本信息的方法。

【任务实施】

1. 加载数据

首先加载数据到系统内存中,这个过程和任务 1 介绍的加载数据方法是一样的,不同的是，本次加载的数据来源于任务 1 中预处理以后的 CSV 文件，而不是原始的 CSV 文件。为了方便使用 Spark SQL 进行数据分析，将数据集注册为临时表。

```
//CSV 数据源路径
val path = "./output/order_data"
//读取 CSV 文件，创建 DataFrame
val df = spark.read.format("csv")
  .option("header", "true")
  .load(path)
//创建临时表
df.createTempView("order_data")
```

2. 数据分析

1）订单金额汇总

数据集包含 3 个金额字段，分别是订单总金额、总付款金额和总退款金额。使用 sum 函数分别对 3 个金额字段进行汇总。

```
//订单总金额，总付款金额，总退款金额
val df2=spark.sql("select sum(order_price) as total_order_price" +
  ",sum(pay_price) as total_pay_price" +
  ",sum(return_price) as total_return_price " +
  "from order_data")
//显示记录
df2.show()
```

以下是显示结果。

```
+------------------+------------------+------------------+
|total_order_price |  total_pay_price |total_return_price|
+------------------+------------------+------------------+
|2988913.939999908 |1899141.8799999857|   571231.920000003|
+------------------+------------------+------------------+
```

2）付款订单数量和退款订单数量

付款订单的数量就是付款金额大于 0 的订单的数量，退款订单的数量就是退款金额大于 0 的订单数量，可以使用 count 函数计算数量。

```
//总付款数量
val total_pay_count=spark.sql("select count(*) " +
  "from order_data " +
  "where pay_price>0").collect()(0).getLong(0)
//总退款数量
val total_return_count=spark.sql("select count(*) " +
  "from order_data " +
  "where return_price>0").collect()(0).getLong(0)
//订单数量信息
  println("订单数量:" + df.count+" 付款订单数量:" + total_pay_count + " 退款订单数量:" +
total_return_count)
```

3）付款率和退款率

付款率就是已付款的订单数量占总订单数量的比率；退款率就是已退款的订单数量占总订单数量的比率。经过计算，付款率为 67.750 26%，退款率为 20.189 241%。

```
//付款率
 println("付款率:" + total_pay_count.toFloat/df.count.toFloat*100+"%")
//退款率
 println("退款率:" + total_return_count.toFloat/df.count.toFloat*100+"%")
```

4）订单价格

计算订单价格的最大值、最小值和平均值，分别使用 max、min 和 avg 函数进行计算。

```
//价格信息
val df3 = spark.sql("select max(order_price) as max_order_price" +
  ",min(order_price) as min_order_price" +
  ",avg(order_price) as avg_order_price " +
  "from order_data")
df3.show()
```

以下是显示结果。

```
+---------------+---------------+-----------------+
|max_order_price|min_order_price|  avg_order_price|
+---------------+---------------+-----------------+
|            998|              1|107.125692269091|
+---------------+---------------+-----------------+
```

5）订单时间

计算数据集中唯一订单日期的数量。了解数据集中一共有多少天的数据量。

```
//更新时间数量
val df4 = spark.sql("select distinct(create_date) as create_date " +
  "from order_data")
println("创建时间数量:" + df4.count())
```

6）时间范围

计算订单创建日期的最大值和最小值，了解订单的时间范围，数据集是 2020 年 2 月 1 日至 2020 年 2 月 29 日的数据。

```
//时间区间
val df5 = spark.sql("select min(create_date) as min_create_date, " +
  "max(create_date) as max_create_date " +
  "from order_data")
df5.show()
```

以下是显示结果。

```
+---------------+---------------+
|min_create_date|max_create_date|
+---------------+---------------+
|     2020-02-01|     2020-02-29|
+---------------+---------------+
```

7）消费级别

按照消费级别进行分组，计算每组的订单数量。消费级别为 11 的订单数量最多，根据消费级别的定义，消费级别 11 包含消费金额在 400 元以上的订单。

```
//消费级别
val df6 = spark.sql("select cast(pay_level as int) as pay_level," +
  "count(pay_level) as pay_level_count " +
  "from order_data " +
  "group by pay_level " +
  "order by pay_level_count desc ")
df6.show()
```

以下是显示结果。

```
+---------+---------------+
|pay_level|pay_level_count|
+---------+---------------+
|       11|           9190|
|        2|           4991|
|        3|           3469|
|        5|           3163|
|        4|           2188|
|        7|           1176|
|        6|            985|
|        9|            891|
|        1|            861|
|        8|            641|
|       10|            346|
+---------+---------------+
```

任务 3　基于时间维度分析

【任务描述】

本任务主要介绍如何以订单的时间为分析维度，对店铺商品价格、商品销量进行分析。通过本任务的学习和实践，读者可以理解以订单时间为维度进行分析的常用指标，掌握以订单时间为维度进行数据分析的方法。

【任务实施】

1. 数据表设计

在 MySQL 数据库中创建与分析指标相关的数据表,并保存最终的分析结果。

oa_date_order_count 表:每日订单数量,如表 8-2 所示。

表 8-2 oa_date_order_count 表设计

字段名称	字段类型	说明
create_date	varchar	创建日期
order_count	int	订单数量

oa_date_order_price 表:每日订单金额,如表 8-3 所示。

表 8-3 oa_date_order_price 表设计

字段名称	字段类型	说明
create_date	varchar	创建日期
total_order_price	float	订单金额

oa_hour_order_price 表:每小时订单金额,如表 8-4 所示。

表 8-4 oa_hour_order_price 表设计

字段名称	字段类型	说明
create_hour	varchar	创建时间(小时)
total_order_price	float	订单金额

oa_hour_order_count 表:每小时订单数量,如表 8-5 所示。

表 8-5 oa_hour_order_count 表设计

字段名称	字段类型	说明
create_hour	varchar	创建时间(小时)
total_order_count	int	订单数量

2. 数据分析

1)每日订单数量

按照订单日期进行分组,统计每组内订单的数量。最终的分析结果可以写入 MySQL 数据库的 oa_date_order_count 表中。

```
//按照订单日期汇总订单数量
val df2 = spark.sql("select create_date, " +
  "count(*) as order_count " +
  "from order_data " +
```

```
    "group by create_date " +
    "order by order_count desc")
//显示记录
df2.show(5)
//写入数据库
df2.write.mode("overwrite")
    .format("jdbc")
    .option("url", "jdbc:mysql://localhost:3306/spark_project?useSSL=false")
    .option("driver", "com.mysql.jdbc.Driver")
    .option("dbtable", "oa_date_order_count")
    .option("user", "root")
    .option("password", "root123456")
    .save()
```

以下是显示结果。

```
+-----------+-----------+
|create_date|order_count|
+-----------+-----------+
| 2020-02-25|       3405|
| 2020-02-26|       2836|
| 2020-02-28|       2682|
| 2020-02-27|       2577|
| 2020-02-23|       2195|
+-----------+-----------+
```

2）每日订单金额

按照订单日期进行分组，汇总每组内订单的金额。最终的分析结果可以写入 MySQL 数据库的 oa_date_order_price 表中。

```
//按照订单日期汇总订单金额
val df3 = spark.sql("select create_date, " +
    "sum(order_price) as total_order_price " +
    "from order_data " +
    "group by create_date " +
    "order by total_order_price desc")
//显示记录
df3.show(5)
//写入数据库
df3.write.mode("overwrite")
    .format("jdbc")
    .option("url", "jdbc:mysql://localhost:3306/spark_project?useSSL=false")
    .option("driver", "com.mysql.jdbc.Driver")
    .option("dbtable", "oa_date_order_price")
    .option("user", "root")
    .option("password", "root123456")
    .save()
```

以下是显示结果。

```
+-----------+------------------+
|create_date| total_order_price|
+-----------+------------------+
| 2020-02-24| 397993.0000000005|
| 2020-02-25|338016.40000000014|
| 2020-02-26|          301857.6|
| 2020-02-28| 270770.7399999997|
| 2020-02-27|         265053.75|
+-----------+------------------+
```

3）每小时订单金额

按照订单创建时间（小时）进行分组，汇总每组内订单的金额。最终的分析结果可以写入 MySQL 数据库的 oa_hour_order_price 表中。

```
//按照创建时间汇总订单金额
val df4 = spark.sql("select create_hour" +
  ",sum(order_price) as total_order_price " +
  "from order_data " +
  "group by create_hour " +
  "order by create_hour asc ")
df4.show(5)
//写入数据库
df4.write.mode("overwrite")
  .format("jdbc")
  .option("url", "jdbc:mysql://localhost:3306/spark_project?useSSL=false")
  .option("driver", "com.mysql.jdbc.Driver")
  .option("dbtable", "oa_hour_order_price")
  .option("user", "root")
  .option("password", "root123456")
  .save()
```

以下是显示结果。

```
+-----------+------------------+
|create_hour| total_order_price|
+-----------+------------------+
|         00|104266.79999999992|
|         01| 63750.90000000007|
|         02| 38224.10000000002|
|         03|20472.800000000007|
|         04|13446.419999999998|
+-----------+------------------+
```

4）每小时订单数量

按照订单创建时间（小时）进行分组，汇总每组内订单的数量。最终的分析结果可以写入 MySQL 数据库的 oa_hour_order_count 表中。

```
//按照创建时间汇总订单数量
val df5 = spark.sql("select create_hour" +
  ",count(*) as total_order_count " +
  "from order_data " +
  "group by create_hour " +
  "order by create_hour asc ")
df5.show(5)
//写入数据库
df5.write.mode("overwrite")
  .format("jdbc")
  .option("url", "jdbc:mysql://localhost:3306/spark_project?useSSL=false")
  .option("driver", "com.mysql.jdbc.Driver")
  .option("dbtable", "oa_hour_order_count")
  .option("user", "root")
  .option("password", "root123456")
    .save()
```

以下是显示结果。

```
+-----------+-----------------+
|create_hour|total_order_count|
+-----------+-----------------+
|         00|             1038|
|         01|              527|
|         02|              341|
|         03|              189|
|         04|              135|
+-----------+-----------------+
```

3. 查看结果

上述数据分析的结果最终会写入 MySQL 数据库相应的表中，可以使用 MySQL 数据客户端连接工具连接数据库进行查询。以按照小时汇总订单数量为例，执行 SQL 语句进行查询，结果如图 8-2 所示。

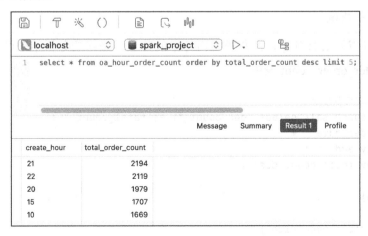

图 8-2　MySQL 查询结果

任务 4　基于区域维度分析

【任务描述】

本任务主要介绍如何以订单的区域为分析维度，对店铺商品价格、商品销量进行分析。通过本任务的学习和实践，读者可以理解以订单区域为维度进行分析的常用指标，掌握以订单区域为维度进行数据分析的方法。

【任务实施】

1. 数据表设计

在 MySQL 数据库中创建与分析指标相关的数据表，并保存最终的分析结果。

oa_addr_order_count 表：各省订单数量，如表 8-6 所示。

表 8-6　oa_addr_order_count 表

字段名称	字段类型	说明
addr	varchar	地址（省）
total_count	int	总数量

oa_addr_order_price 表：各省订单金额，如表 8-7 所示。

表 8-7　oa_addr_order_price 表

字段名称	字段类型	说明
addr	varchar	地址（省）
total_order_price	float	总金额

2. 数据分析

1）各省订单数量

按照地址（省）进行分组，汇总每组内订单的数量。最终的分析结果可以写入 MySQL 数据库的 oa_addr_order_count 表中。

```
//按照地址汇总订单数量
val df2 = spark.sql("select addr,count(*) as total_count " +
  "from order_data " +
  "group by addr " +
  "order by total_count desc")
//显示记录
df2.show(5)
//写入数据库
df2.write.mode("overwrite")
  .format("jdbc")
```

```
    .option("url", "jdbc:mysql://localhost:3306/spark_project?useSSL=false")
    .option("driver", "com.mysql.jdbc.Driver")
    .option("dbtable", "oa_addr_order_count")
    .option("user", "root")
    .option("password", "root123456")
    .save()
```

以下是显示结果。

```
+------+-----------+
| addr|total_count|
+------+-----------+
| 上海|       3328|
|广东省|       2446|
|江苏省|       2116|
|浙江省|       2057|
| 北京|       2046|
+------+-----------+
```

2）各省订单金额

按照地址（省）进行分组，汇总每组内订单的金额。最终的分析结果可以写入 MySQL 数据库的 oa_addr_order_price 表中。

```
//按照地址汇总订单金额
val df3 = spark.sql("select addr,sum(order_price) as total_order_price " +
  "from order_data " +
  "group by addr " +
  "order by total_order_price desc")
//显示记录
df3.show(5)
//写入数据库
df3.write.mode("overwrite")
  .format("jdbc")
  .option("url", "jdbc:mysql://localhost:3306/spark_project?useSSL=false")
  .option("driver", "com.mysql.jdbc.Driver")
  .option("dbtable", "oa_addr_order_price")
  .option("user", "root")
  .option("password", "root123456")
  .save()
```

以下是显示结果。

```
+------+-------------------+
| addr| total_order_price|
+------+-------------------+
| 上海|  543462.9600000011|
| 北京|  230319.5899999995|
|江苏省| 227216.22999999925|
|广东省| 227000.67999999932|
|浙江省| 202946.95999999915|
+------+-------------------+
```

3. 查看结果

上述数据分析的查看操作与任务3的相类似，此处不再赘述。以按照地址（省）统计订单金额为例，执行 SQL 语句进行查询，结果如图 8-3 所示。

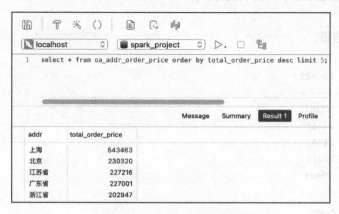

图 8-3 MySQL 查询结果

项目小结

本项目通过 4 个任务对电商订单数据集进行了深入分析。本项目主要包括以下内容。
- 电商订单数据分析的基本流程。
- 获取电商订单数据基本信息的方法。
- 基于时间维度，对电商订单数据进行分析。
- 基于区域维度，对电商订单数据进行分析。

思考与练习

理论题

简答题

1. 简述电商订单数据分析系统中实现的主要分析指标。
2. 简述订单数据集中主要的分析维度。
3. 通过本项目案例的学习，总结电商订单数据集分析的结果。

实训题

在理解本项目分析指标的基础上练习本项目的案例。

项目 9

电商数据可视化分析

项目导读

项目 6~项目 8 讲解了电商系统数据分析的 3 个项目案例。这 3 个项目都将数据分析的结果写入 MySQL 数据库中。虽然可以通过连接数据库执行 SQL 的方式查询数据,但是这种数据显示方式不是很直观。在数据分析领域,一般需要将数据分析的结果以图表的形式进行展示,以便提供更好的用户体验。本项目以项目 6~项目 8 的案例的分析结果为基础,讲解基于 Superset 电商数据可视化分析的方法。

思政目标

- 培养学生严谨细致的职业品格和行为习惯。
- 培养学生诚实守信的品质和遵纪守法的意识。

教学目标

- 掌握常用分析图表的应用场景。
- 掌握 Superset 进行数据可视化分析的方法。

任务 1 Superset 基本操作

【任务描述】

本任务主要介绍 Superset 的基本操作。通过本任务的学习和实践，读者可以了解常用分析图表的应用场景，掌握 Superset 的基本操作方法。

【知识链接】

1. 常用图表

- 柱形图：最常见的图表类型之一，适用于二维数据集。每个数据点包括两个值，即 X 和 Y，但只有一个维度需要比较的情况。柱形图的横轴表示分析维度，纵轴的数值表示度量的值，通过柱形高度差别反映数据的差异，如图 9-1 所示。

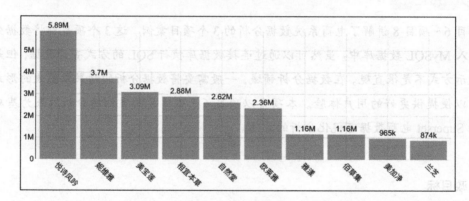

图 9-1 柱形图示例

- 饼图：和柱形图的应用场景非常类似，一般情况下，柱形图可以代替饼图。相对于柱形图，饼图的优势是可以显示出部分数据在整体数据中的比例，如图 9-2 所示。

- 折线图：显示随时间而变化的连续数据，显示数据的时间性和变动率，因此非常适用于显示在相等时间间隔下数据的变化趋势，如图 9-3 所示。

- 漏斗图：在比较各环节业务数据或各流程的转化率时，一般会使用漏斗图。漏斗图可以直观地反映出各业务环节转化情况，如图 9-4 所示。

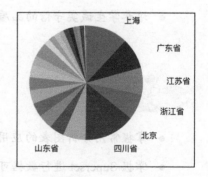

图 9-2 饼图示例

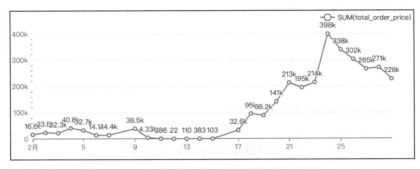

图 9-3 折线图示例

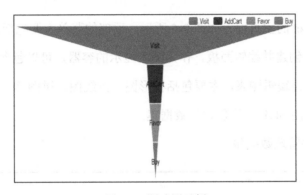

图 9-4 漏斗图示例

2. Superset 简介

Superset 是一个由 Apache 的开源项目，基于 Flask 搭建的"现代化的企业级 BI 应用程序"。它通过创建面板（Dashboard）的方式，为数据分析提供轻量级的数据查询和可视化方案。

Superset 的主要优势如下。

- 自带 SQLite 数据库并支持连接 Hive、Impala、MySQL、Oracle 等几乎所有主流的数据源。
- 支持和弦图、事件流图、热力图、视图表等及其他常规的可视化展示图表。
- 支持可控的数据展示，能自定义展示字段、数据源等。
- 支持权限控制，以满足不同使用人员对数据和数据库的权限要求。
- 内含 SQL 查询面板模块，具有较美观友好的操作界面等。

【任务实施】

1. 登录 Superset

（1）输入账号和密码以登录 Superset 系统，如图 9-5 所示。

图 9-5 Superset 登录页面

（2）进入 Superset 的主页面，如图 9-6 所示，顶部的菜单主要包括以下功能。

- Dashboards：创建并编辑面板，作为图表显示的容器，可以包含多个图表。
- Charts：创建并编辑图表，主要包括柱形图、折线图、饼图等。
- SQL Lab：使用 SQL 查询创建的数据集。
- Data：创建并管理数据集。

图 9-6 Superset 主页面

2. 创建数据库连接

（1）选择 Data→Datasets 菜单，创建数据库连接，如图 9-7 所示。

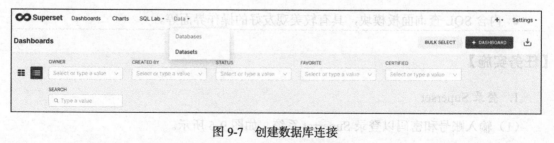

图 9-7 创建数据库连接

（2）这里选择连接的数据库是 MySQL，单击 MySQL 图标，如图 9-8 所示。

（3）配置数据库连接，连接到 spark_project 数据库。为了避免出现中文乱码问题，添加参数配置 charset=utf8。配置完成以后单击 CONNECT 按钮，测试与数据库的连接，如图 9-9 所示。

图 9-8　选择 MySQL 数据库

图 9-9　设置数据库连接

（4）数据库配置连接正确以后，显示确认页面，单击 FINISH 按钮以确认数据库连接，如图 9-10 所示。

图 9-10　数据库连接成功

（5）数据库连接配置完成以后显示在 Databases 列表中，如图 9-11 所示。

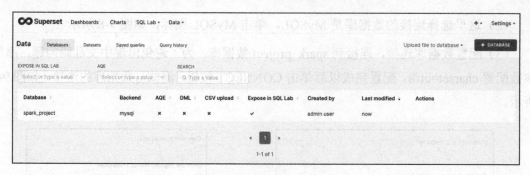

图 9-11　Databases 列表

3. 创建数据集

（1）在 Databases 列表页面右侧单击+DATASET 按钮，如图 9-12 所示，打开创建数据集页面。

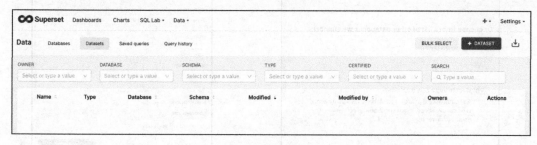

图 9-12　创建数据集

（2）选择数据库、Schema 和数据表。以项目 6 创建的数据表为例，添加每日活跃用户数数据表 ub_active_user 到数据集中，如图 9-13 所示。

图 9-13　添加数据表 ub_active_user 到数据集中

（3）数据集添加完成后，会显示在数据集列表页面，如图 9-14 所示。

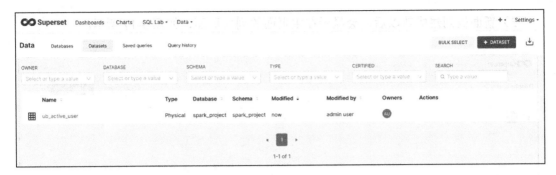

图 9-14　数据集添加完成

4. 创建面板

面板是图表的容器。在创建图表之前需要先创建面板。项目 6～项目 8 讲解了电商系统中 3 个主要的分析模块，因此可以创建 3 个面板。

（1）在主页面中单击 Dashboards 菜单，打开面板主页面，单击页面右侧的+DASHBOARD 按钮以打开创建新面板页面，如图 9-15 所示。

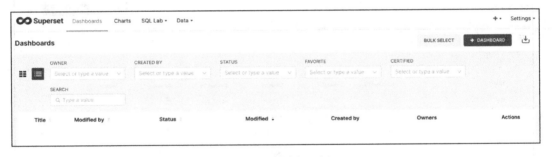

图 9-15　创建新面板

（2）在新建面板页面中，修改面板名称并单击 SAVE 按钮保存，如图 9-16 所示。

图 9-16　修改面板名称

(3) 新面板创建成功以后，会显示在主页面的列表页面，如图 9-17 所示。

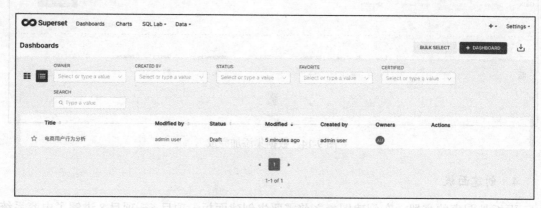

图 9-17　新面板创建成功

(4) 使用同样的方法创建其他 2 个面板，完成 3 个面板的创建，如图 9-18 所示。

图 9-18　创建的 3 个新面板

5. 创建图表

(1) 在主页面中单击 Charts 菜单，打开图表主页面，单击页面右侧的+CHART 按钮以打开创建新图表页面，如图 9-19 所示。

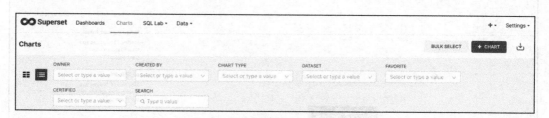

图 9-19　创建新图表

(2) 在创建新图表页面选择数据表 ub_active_user 和需要使用的图表 Bar Chart（柱形

图）。使用柱形图的原因是为了在坐标轴的横轴显示日期，在坐标轴的纵轴显示活跃用户数。选择完成以后，单击 CREATE NEW CHART 按钮以确认，如图 9-20 所示。

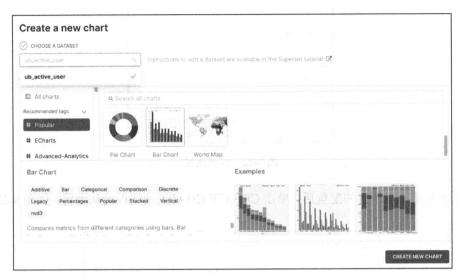

图 9-20 新图表创建完成

在新创建的图表页面中可以编辑图表的名称，将图表的名称修改为"活跃用户数"，DIMENSIONS（维度）选择时间字段 time_date，METRICS（度量）选择 user_count 字段，可以通过拖曳的方式将指定的列拖曳到指定的位置，如图 9-21 所示。

图 9-21 设置新图表

在对 METRICS 选项进行配置时，要选择聚合的方式，选择 SUM 实现数量的加和汇总，如图 9-22 所示。

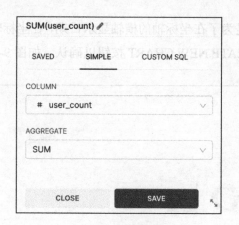

图 9-22 设置度量

（3）在完成图表所有的配置后，单击 CREATE CHART 按钮以确认设置，如图 9-23 所示。

图 9-23 图表配置完成

在页面的右侧会显示"活跃用户数"的柱形图。图表按照活跃用户数由高到低的方式进行排列，通过图表可以观察到，12 月 12 日活跃用户数的值最高。众所周知，在电商领域中除了双十一购物节以外，还有一个双十二购物节。在购物节当天，商品打折促销的力度比较大，因此购物节活跃用户数非常高。在确认图表展示没有问题后，可以单击页面右上角的 SAVE 按钮，将图表保存到面板中，如图 9-24 所示。

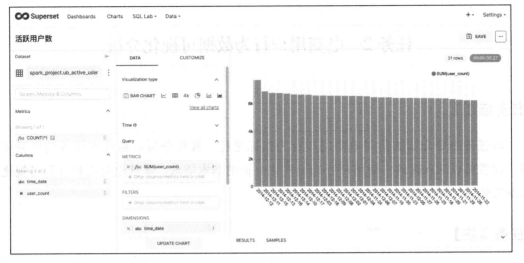

图 9-24 "活跃用户数"柱形图

（4）在保存图表页面中，选择需要加入的面板"电商用户行为分析"，单击 SAVE 按钮以确认，如图 9-25 所示。

图 9-25 保存图表

图表成功添加到面板中以后，相应的图表会显示到面板页面，如图 9-26 所示。

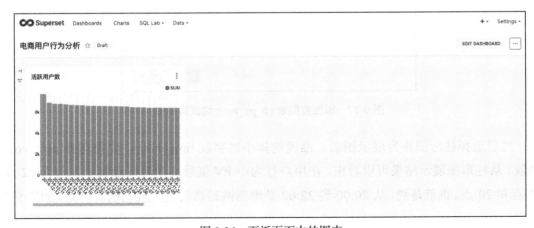

图 9-26 面板页面中的图表

任务 2　电商用户行为数据可视化分析

【任务描述】

本任务主要介绍如何对电商用户行为指标进行可视化分析。通过本任务的学习和实践，读者可以深入理解电商用户行为可视化分析的基本需求，掌握电商用户行为可视化分析的方法。

【任务实施】

1. 每小时 PV 分析

首先增加数据集。将每小时 PV 数据表 ub_pv_hour 添加到数据集中，如图 9-27 所示。

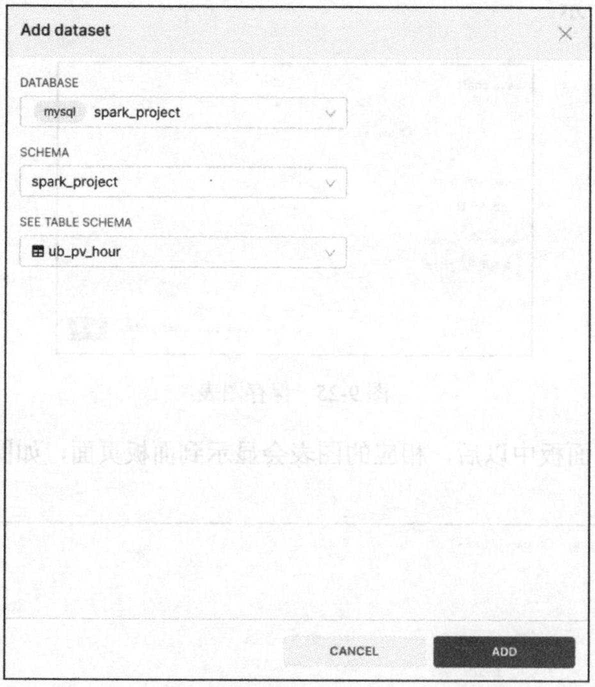

图 9-27　添加数据表 ub_pv_hour 到数据集中

然后选择柱形图作为展示图表，维度选择小时字段 time_hour，度量选择 user_count 字段。从柱形图展示结果可以看出，在用户行为中 PV 值最高的时间段集中在每天 22 点、21 点和 20 点。也就是说，从 20:00 到 22:00 是电商网站访问量比较高的时间段，如图 9-28 所示。

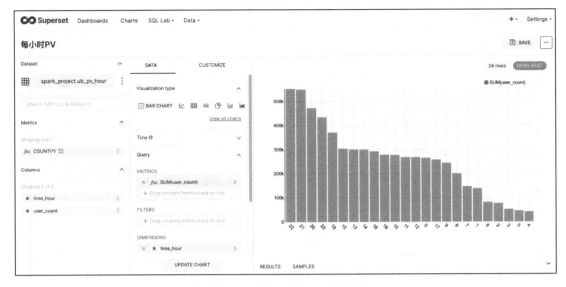

图 9-28 "每小时 PV"柱形图

2. 图表优化

针对"每小时 PV"柱形图，还可以进行优化。一是在柱形图中并没有显示出 PV 具体的数值；二是图表采用了 PV 值由高到低的方式，用户还可能希望看到按照时间进行排序的图表，观察用户访问量基于时间的趋势。下面讲解具体的优化方法。

首先在面板中选中准备进行编辑的图表，然后右击，在弹出的快捷菜单中选择 Edit chart，如图 9-29 所示。

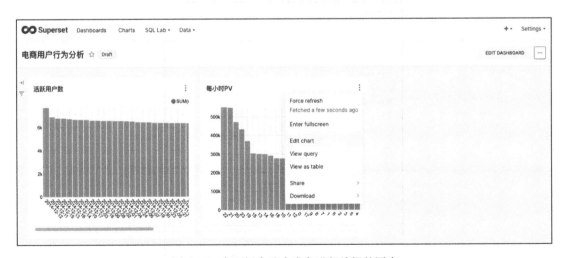

图 9-29 在面板中选中准备进行编辑的图表

在图表展示页面中单击 CUSTOMIZE 选项卡，选择 BAR VALUES 和 SORT BARS 复选框。BAR VALUES 表示显示柱形图纵轴的数值，SORT BARS 表示按照横轴的值进行排序。设置完成以后可以看到新的柱形图，如图 9-30 所示。

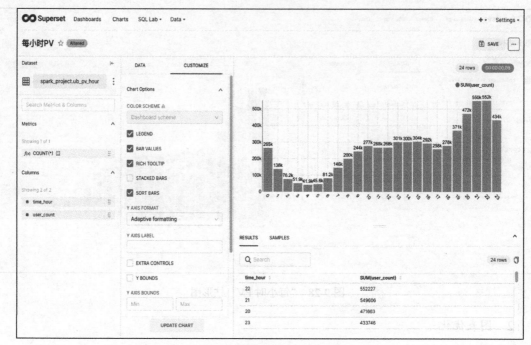

图 9-30 设置完成的新柱形图

3. 购买用户数分析

在用户行为分析中,我们重点关注的是购买商品的行为。可以对每日发生购买行为的用户数量进行分析。首先将数据表 ub_buy_user 添加到数据集中,如图 9-31 所示。

图 9-31 添加数据表 ub_buy_user 到数据集中

然后选择柱形图进行展示,横轴按照时间的顺序进行排序,纵轴显示具有购买行为的用户数量。可以看到一个明显的峰值,这个峰值时间是 2014 年 12 月 12 日,也就是双十二购物节的当天,因为商家打折促销的力度比较大,在那天选择购物的用户要远远超过其他时间,如图 9-32 所示。

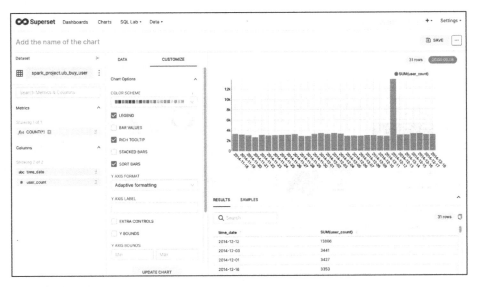

图 9-32 设置柱形图

4. 用户行为漏斗分析

在电商用户行为中,一般的用户购物流程是浏览商品、收藏商品、加购物车、支付商品。一般使用漏斗图显示这一流程的转化关系。

分析用户购物流程的各个阶段行为的数量。首先将数据表 ub_behavior_count 添加到数据集中,如图 9-33 所示。

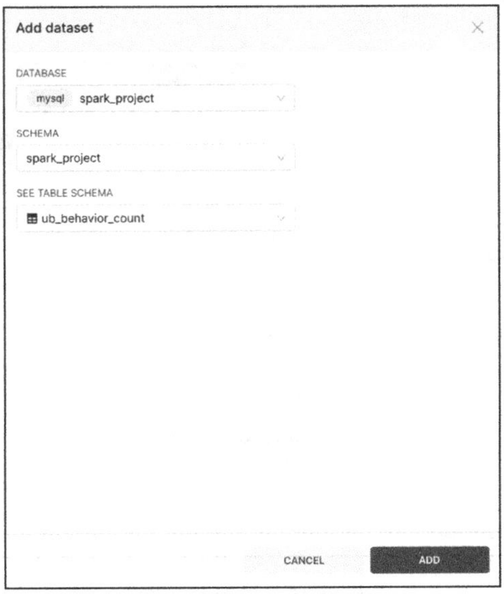

图 9-33 添加数据表 ub_behavior_count 到数据集中

然后选择漏斗图进行展示，如图 9-34 所示。

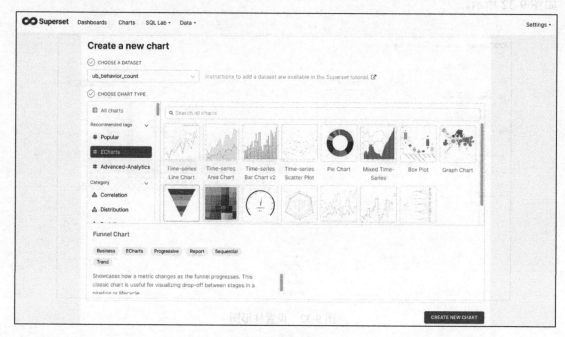

图 9-34　创建漏斗图

对漏斗图进行设置。维度选择 behavior_type_name（用户行为的名称），度量选择 user_count（用户行为的数量），如图 9-35 所示。漏斗图直观地显示了电商用户行为中各个阶段的转化关系。

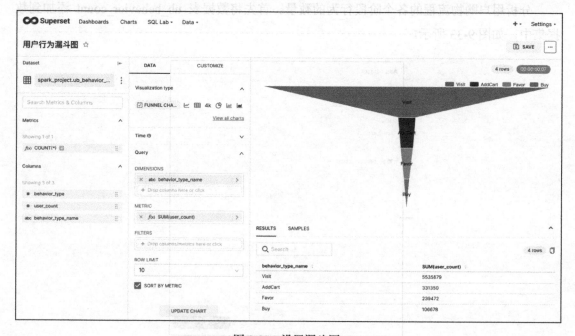

图 9-35　设置漏斗图

任务 3　电商销售数据可视化分析

【任务描述】

本任务主要介绍如何对电商销售数据指标进行可视化分析。通过本任务的学习和实践，读者可以深入理解电商销售数据可视化分析的基本需求，掌握电商销售数据可视化分析的方法。

【任务实施】

1. 店铺商品销量分析

对店铺商品销量数据进行分析。首先将数据表 sa_shop_sale_count 添加到数据集中，如图 9-36 所示。

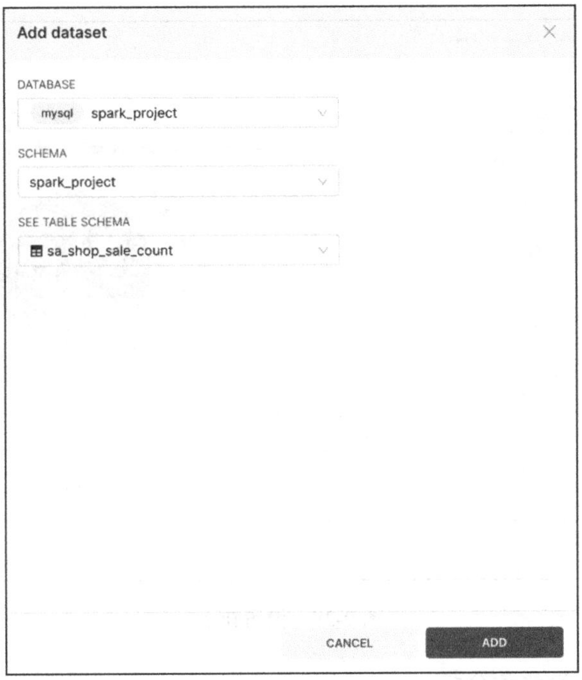

图 9-36　添加数据表 sa_shop_sale_count 到数据集中

数据集显示了销量最高的前 10 个店铺。为了显示各个店铺销量之间的比例关系，可以使用饼图进行展示，如图 9-37 所示。

在饼图的设置中，维度选择 shop_name（商品的名称），度量选择 total_sale_count（商品的总数量），如图 9-38 所示。

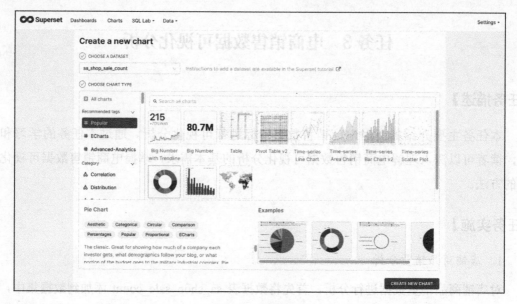

图 9-37 创建饼图

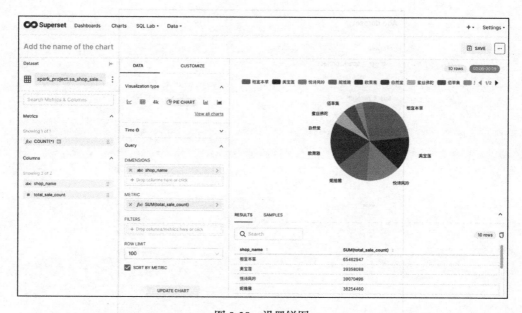

图 9-38 设置饼图

2. 店铺商品总评论数量分析

对店铺商品总评论数量进行分析。首先将数据表 sa_shop_total_comment_count 添加到数据集中，如图 9-39 所示。

然后选择柱形图进行展示。在柱形图的设置中，维度选择 shop_name（商品的名称），度量选择 total_comment_count（评论的总数量）。可以看到，商品总评论数量前 3 名的美妆商品分别是悦诗风吟、妮维雅和美宝莲，如图 9-40 所示。

图 9-39　添加数据表 sa_shop_total_comment_count 到数据集中

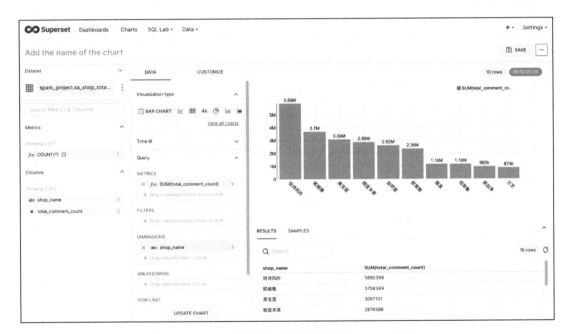

图 9-40　设置柱形图

3. 店铺商品平均评论数量

对店铺商品平均评论数量进行分析。首先将数据表 sa_shop_avg_comment_count 添加到数据集中，如图 9-41 所示。

然后选择柱形图进行展示。在柱形图的设置中，维度选择 shop_name（商品的名称），度量选择 avg_comment_count（评论的平均数量）。可以看到，商品平均评论数量前 3 名的店铺分别是美宝莲、妮维雅和自然堂，如图 9-42 所示。

图 9-41 添加数据表 sa_shop_avg_comment_count 到数据集中

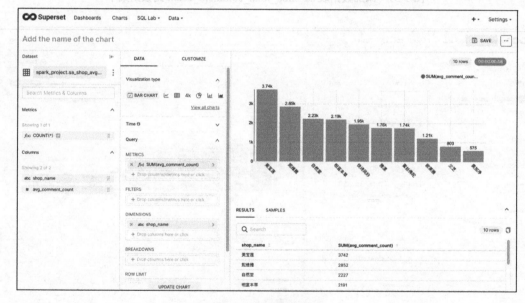

图 9-42 设置柱形图

任务 4 电商订单数据可视化分析

【任务描述】

本任务主要介绍如何对电商订单数据指标进行可视化分析。通过本任务的学习和实践，读者可以深入理解电商订单数据可视化分析的基本需求，掌握电商订单数据可视化分析的方法。

【任务实施】

1. 各省订单数量分析

对各省的订单数量进行分析。首先将数据表 **oa_addr_order_count** 添加到数据集中，如图 9-43 所示。

图 9-43　添加数据表 oa_addr_order_count 到数据集中

然后选择饼图进行展示。在饼图的设置中，维度选择 addr（省），度量选择 total_count（订单的总数量）。可以看到，上海市、广东省、江苏省等 7 个省市的订单数量的面积超过饼图面积的一半，如图 9-44 所示。

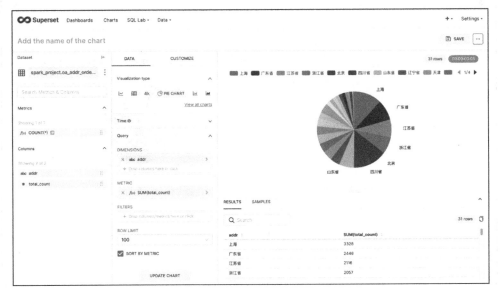

图 9-44　设置饼图

2. 各省订单金额分析

对各省的订单金额进行分析。首先将数据表 oa_addr_order_price 添加到数据集中，如图 9-45 所示。

图 9-45 添加数据表 oa_addr_order_price 到数据集中

然后选择饼图进行展示。在饼图的设置中，维度选择 addr（省），度量选择 total_order_price（订单的总金额）。可以看到，上海市、北京市、江苏省等 7 个省市的订单总金额的面积超过饼图面积的一半，如图 9-46 所示。

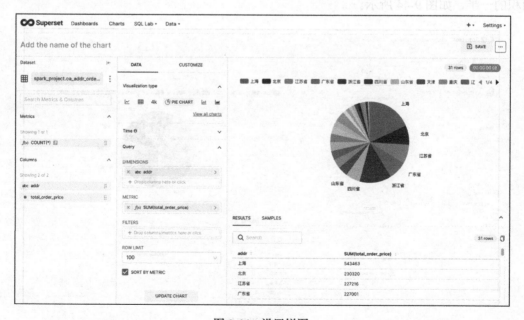

图 9-46 设置饼图

3. 每日订单金额分析

对每日的订单金额进行分析。首先将数据表 oa_date_order_price 添加到数据集中，如图 9-47 所示。

图 9-47　添加数据表 oa_date_order_price 到数据集中

然后选择时间系列的折线图进行展示。这类图表的主要特点是横轴是时间字段，纵轴表示度量值随着时间变化的趋势，如图 9-48 所示。

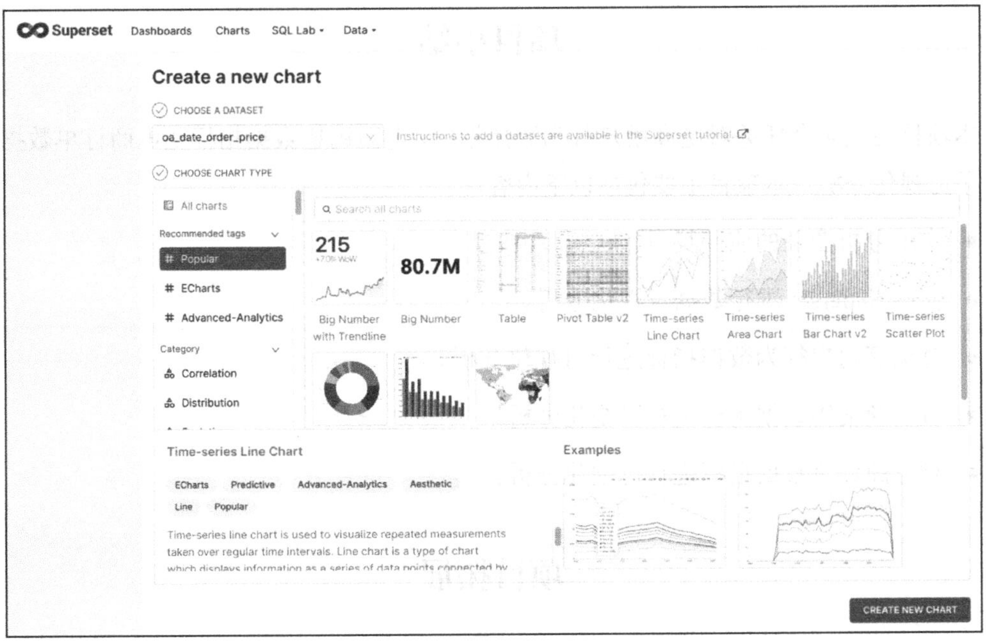

图 9-48　创建折线图

在折线图的设置中，横轴选择表示时间的列 create_date（订单创建的日期），度量选择 total_order_price（订单的总金额），如图 9-49 所示。此折线图展示了随着订单日期的变化订单金额相应的变化趋势。

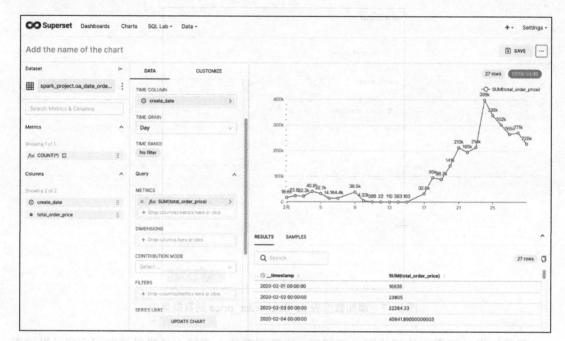

图 9-49　设置折线图

项目小结

本项目通过 4 个任务对电商用户行为数据指标、电商销售数据指标及电商订单数据指标进行了可视化分析。本项目主要包括以下内容。

- 常用分析图表的应用场景。
- 使用 Superset 进行数据可视化分析。
- 对电商用户行为数据指标进行可视化分析。
- 对电商销售数据指标进行可视化分析。
- 对电商订单数据指标进行可视化分析。

项目拓展

自行选择项目 6～项目 8 中感兴趣的数据指标进行数据可视化分析。

思考与练习

理论题

简答题

1. 简述使用 Superset 进行数据可视化展示的主要步骤。
2. 简述数据可视化使用的图表种类。

实训题

练习本项目中关于数据指标可视化分析的方法。

参 考 文 献

[1] 朱尔斯·达米吉,布鲁克·韦尼希,泰瑟加塔·达斯,等. Spark 快速大数据分析[M]. 王道远,译. 2 版. 北京:人民邮电出版社,2021.

[2] 桑迪·里扎,于里·莱瑟森,肖恩·欧文,等. Spark 高级数据分析[M]. 龚少成,译. 2 版. 北京:人民邮电出版社,2018.